PREEMPTION NEXT
WHIRL WIND

抢占下一个
智能风口
移动物联网

李四华◎编著

中国铁道出版社
CHINA RAILWAY PUBLISHING HOUSE

内 容 简 介

在移动物联网的智能化发展和应用成为时代宠儿的今天，面对移动互联网的跨界浪潮，已经完成转型的企业如何进一步发展？传统企业如何推进转型实现？电商企业如何利用移动物联网资源做大、做强？

本书正是从这些痛点、难点出发，从移动物联网的基本概念、技术原理、类别、应用模式、技术体系、产品和应用方面着手，全面剖析移动物联网技术。

从横向案例来看，书中精彩剖析了 10 多个行业的移动物联网智能产品，包括交通、电网、物流、医疗、安防和家居等，通过目前的智能产品和硬件应用，为后来者提供发展指向和应用借鉴。

从纵向技术线来看，内容包括云计算、电子标签、M2M、两化融合、条形码、大数据、移动支付、EPC 编码、传感器、GPS 技术和 4G 技术等，一条龙式的讲解帮助读者理解移动物联网的技术架构。

本书结构清晰，图解特色鲜明，内容全面翔实，适合于移动物联网行业的从业者、移动物联网行业的创业者、对移动物联网感兴趣的人士，以及希望了解移动物联网市场趋势的人。

图书在版编目（CIP）数据

抢占下一个智能风口：移动物联网 / 李四华编著．—北京：中国铁道出版社，2017.3

（移动物联网）

ISBN 978-7-113-22453-0

Ⅰ．①抢… Ⅱ．①李… Ⅲ．①互联网络－应用②智能技术－应用Ⅳ．① TP393.4 ② TP18

中国版本图书馆 CIP 数据核字（2016）第 254917 号

书　　名：抢占下一个智能风口：移动物联网
作　　者：李四华　编著

责任编辑：张亚慧　　　　　　　读者热线电话：010-63560056
责任印制：赵星辰　　　　　　　封面设计：MXK DESIGN STUDIO

出版发行：中国铁道出版社（北京市西城区右安门西街 8 号　邮政编码：100054）
印　　刷：北京鑫正大印刷有限公司
版　　次：2017 年 3 月第 1 版　　　2017 年 3 月第 1 次印刷
开　　本：700mm×1000mm　1/16　印张：17.5　字数：304 千
书　　号：ISBN 978-7-113-22453-0
定　　价：49.00 元

前言
FOREWORD

01 内容精髓

随着信息技术的发展和移动终端尤其是智能手机的普及应用，移动物联网得以迅速发展。在这一情势下，对移动物联网进行充分的了解很有必要。本书针对这一问题进行了全面的介绍和论述。

本书以介绍移动物联网时代的智能化发展与应用为核心目标，以引导读者快速了解并掌握移动物联网的基础知识、技术构成和行业应用等内容为根本出发点；全书以图解方式深度剖析了移动物联网的基本概念、原理与类别、关键技术、应用模式、发展局势和行业应用等方面的内容。

本书内容主要是技术与行业应用相结合，从横向案例线和纵向技术线两方面全面解析了移动物联网的相关内容，帮助读者快速了解移动物联网的智能化发展。

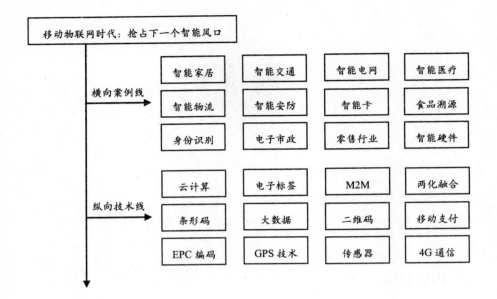

02 写作驱动

随着互联网和移动互联网进一步延伸和扩展，移动物联网应运而生。那么，在移动物联网时代，由其信息化、远程管理控制和智能化的网络带来的"智慧生活"将走向何方，这是很多行业和领域内的人士想要了解的问题。只有在了解了移动物联网这一市场大势的情况下才能更好地把握时代的发展脉络，从而获得更好、更快、更长久的发展。

目前市场上关于物联网技术的书籍，无论是总体的介绍还是分行业的介绍，都比较多，但专门针对移动物联网这一技术进行系统论述的书籍却比较少。所以笔者将相关内容和资料进行整合，结合实际的行业应用，打造出这本关于移动物联网的实战型宝典。

在全书的整体内容中，主要分为两个方面，如下：

▶ 横向案例：通过对影响力较强、应用较为广泛的、与用户生活息息相关的 16 个行业和领域进行分析，来深入认识移动物联网。

▶ 纵向技术：通过对传感器、控制器和云计算等技术进行分析，帮助读者全面了解移动物联网的技术体系构成。

在移动物联网时代，利用无线通信、射频识别等技术，让物品之间能够相互交流沟通，实现信息的互联和共享。这是社会发展的必然要求，也是社会发展的必然趋势。掌握好市场大势，全面了解移动物联网，才能在移动物联网应用的战略布局中获得发展先机。

笔者在本书中针对移动物联网建构了三大移动物联网结构板块 +10 章移动物联网专题精讲 +16 大移动物联网应用实例 +110 多幅精美图片 +350 多张移动物联网图标解析的移动物联网内容体系，对移动物联网进行了详细的分析。

希望通过系统而翔实的讲述，能为读者提供真正的帮助，从而在移动物联网时代环境下游刃有余地发展、创业。

03 适合人群

本书内容翔实、结构清晰、图解特色鲜明，适合以下读者学习使用。

1. 移动物联网行业的从业者。本书提供关于移动物联网的发展现状、局势分析、技术应用、行业应用和巨头布局等方面的实用性内容，能够更好地指导该行业内的企业经营与管理。

2. 移动物联网行业的创业者。本书提供关于移动物联网的基础性知识、市场趋势分析、关键技术和理念及产品和行业应用情况等方面的内容，能够为有志于该行业的创业者储备知识和提供创业指导。

3. 对移动物联网感兴趣的人士。本书提供关于移动物联网领域的全面、翔实的内容介绍，尤其是其先进技术的应用和行业智能产品方面，可以帮助读者尽快地了解移动物联网。

4. 希望了解市场趋势的人。本书提供关于移动物联网这一时代前沿领域的最具代表性、关键性的高新技术和紧跟时代的智能行业及产品等方面的基础知识和具体应用，能够帮助读者即时了解时代大势。

04 作者售后

　　由于作者知识水平有限，书中难免有错误和疏漏之处，恳请广大读者批评、指正，联系邮箱：feilongbook@163.com。

编　者

2016 年 10 月

目录
CONTENTS

1
CHAPTER

初步认识，规模化的移动物联网形势

目录 | C O N T E N T S

2
CHAPTER

两化融合,高层次的移动物联网理念

3
CHAPTER

移动支付，智能化的移动物联网金融

目录

4
CHAPTER

云计算，服务型的移动物联网技术

5
CHAPTER

M2M 技术，拓展性的移动物联网应用

目录 | C O N T E N T S

6
CHAPTER

电子标签，点到点的移动物联网实现

目录 CONTENTS

9 CHAPTER

行业智能，产业化的移动物联网推进

10
CHAPTER

跨界创新，以点带面的移动物联网融合

1
CHAPTER

初步认识，规模化的移动物联网形势

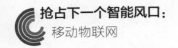

1.1 一探究竟，了解移动物联网

在现实生活中，人们经常接触到的是"互联网"、"移动互联网"这一类耳熟能详的概念，而对于物联网、移动物联网的了解就相对较少。其实，在人们的日常生活中，关于移动物联网的应用已经相当普及。例如，关系到孩子的"宝宝在线"就是一例非常典型的应用，如图 1-1 所示。

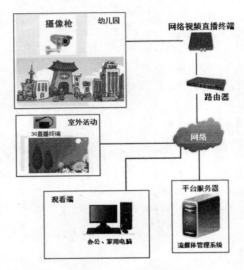

◆ 图 1-1　宝宝在线

如今，移动物联网随着信息技术和移动互联网技术的发展已经形成规模化的市场格局和行业形势。在这样的社会环境下，人们有必要对移动物联网有一定程度的了解。基于这一形式，下面将通过对以下四个方面内容的介绍来一览其概貌（见图 1-2）。

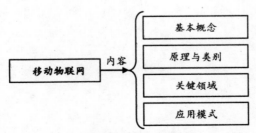

◆ 图 1-2　移动互联网包括四个方面

1.1.1 移动物联网的基本概念

顾名思义，移动物联网（Internet of Things，IoT）其实就是一个基于移动终端而形成的连接物品的网络，具体内容如图 1-3 所示。

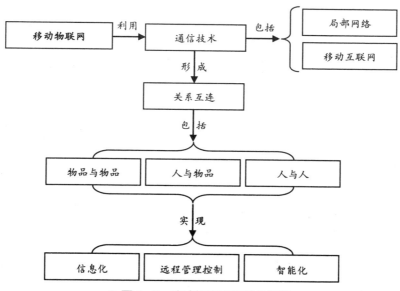

◆ **图 1-3 移动物联网的概念解读**

从上图中可以看出，移动物联网与移动互联网联系紧密，换句话说，移动物联网就是物物相连的移动互联网。图 1-4 所示为其具体含义和相互关系。

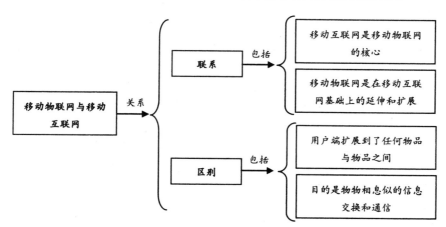

◆ **图 1-4 移动物联网与移动互联网的关系解读**

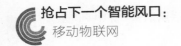

综上所述的内容都是基于移动物联网在网络范畴内的理解来说的，其概念也是以网络为出发点的。更确切地说，移动物联网是业务与应用，如图 1-5 所示。

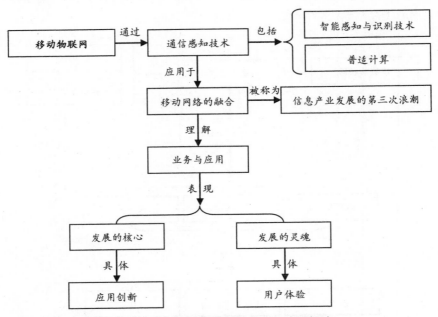

◆ 图 1-5　移动物联网的业务与应用解读

总之，移动物联网是建立在移动互联网基础上的业务与应用的综合，它通过各种感知技术和传感设备实现物体与移动互联网的连接和信息交流。它在建立和完善自身体系的同时，方便了人们的生活，最终迎来了移动物联网时代，如图 1-6 所示。

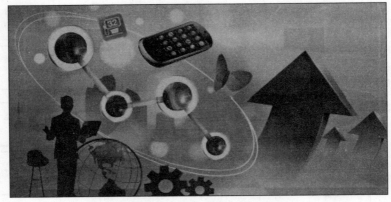

◆ 图 1-6　移动物联网时代到来

1.1.2 移动物联网的原理与类别

在移动物联网中，物体之间的通信与交流不是通过人工干预实现的，其通信模式触及所有物体所存在的领域，如图 1-7 所示。

◆ 图 1-7 移动物联网的通信模式

那么，在其通信模式及其整个体系链中，到底有着怎样的运营模式和原理呢？要想了解其具体内情，首先需对移动物联网的实质有一个明晰而准确的理解，如图 1-8 所示。

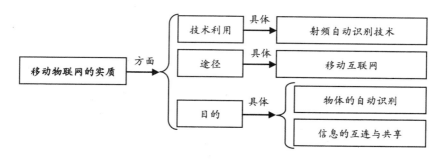

◆ 图 1-8 移动互联网的实质分析

基于上述移动互联网实质的了解，那么距离其运营原理的答案揭晓也就不远了。接下来将上图所示的三个方面为出发点，进行深入剖析，从而为其原理勾画出清晰的脉络，其具体内容如图 1-9 所示。

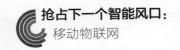

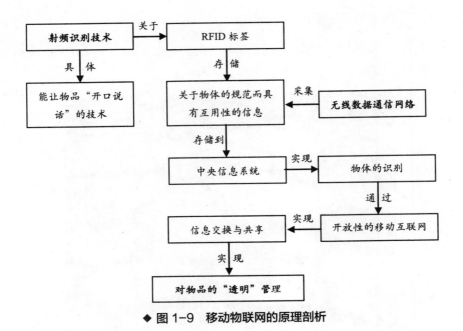

◆ 图 1-9　移动物联网的原理剖析

　　移动物联网是在物联网基础上的发展，其表现之一就是进一步打破了传统的思维模式，实现了各种基础设施的整合，如图 1-10 所示。

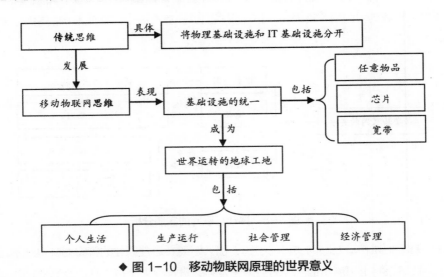

◆ 图 1-10　移动物联网原理的世界意义

　　在对移动物联网的基本原理有了相关了解的基础后，要思考的问题是：在如今的社会中，移动物联网具体包括哪些类别呢？这一问题也是了解移动物联网的必要环节。关于移动物联网的类别，在这里是根据它的所属性质来进行划分的，具体包括四类，如图 1-11 所示。

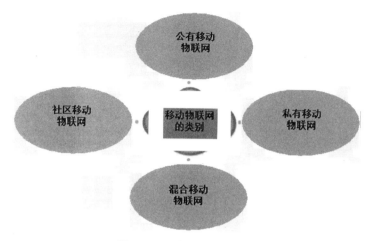

◆ 图 1-11　移动物联网的类别

上图所示的四种移动物联网构成了其庞大的网络体系，那么这些类别具体指的是哪些领域和范围内的移动物联网呢？具体内容如图 1-12 所示。

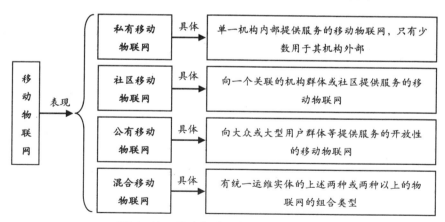

◆ 图 1-12　移动物联网类别包括的具体领域

1.1.3　移动物联网的关键领域

移动物联网作为一个包罗万象的连接任意物品的网络体系，有着其重要的节

点和关键领域。只有在这些关键节点和领域内获得成功，才能实现移动物联网的成功运营和"透明"管理。移动物联网的关键领域包括四个方面的内容，如图 1-13 所示。

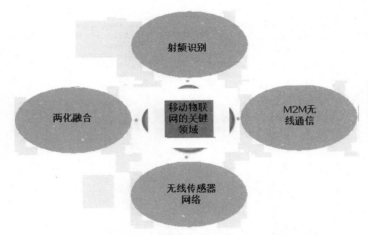

◆ 图 1-13　移动物联网的四大关键领域

关于移动物联网四个层面的关键领域，其具体内容如下。

❶ 射频识别

射频识别（RFID），其最重要的一点就是相关数据与信息的自动识别，在这一过程中，无须人工干预，如图 1-14 所示。

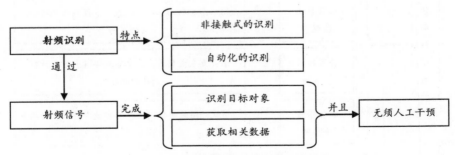

◆ 图 1-14　射频识别的自动识别分析

基于自动识别这一特点，射频识别有着其特有的优势，分别如下。

▶ 无须人工干预，可在各种恶劣环境下进行运作；

▶ 可以并行识别，从而使得在操作过程中更快捷方便。

然而，这样独具优势的射频识别其实只是一种由两个基本器件组成的无线系统，简直令人不可思议。利用其基本器件组成的系统来实现其功能，如图 1-15 所示。

◆ 图 1-15　射频识别的基本构成与主要作用

❷ M2M 无线通信

M2M 无线通信，全称为机器对机器通信，是一种实现机器之间通信的模式之一。在移动物联网领域，M2M 通信是实现物物连接的设施基础，如图 1-16 所示。

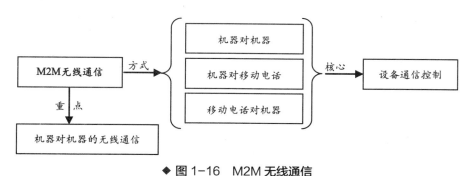

◆ 图 1-16　M2M 无线通信

❸ 无线传感器网络

无线传感器网络，简称为"传感网"，英文缩写为 WSNs，它是一种通过无线通信方式形成的分布式传感网络，如图 1-17 所示。

从图中可知，相对于射频识别技术而言，其组成就较为复杂，它是由许多的无线传感器节点组成的，如图 1-18 所示。

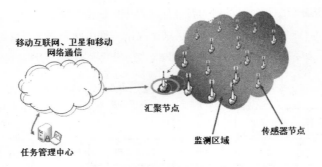

◆ 图 1-17　无线传感器网络系统

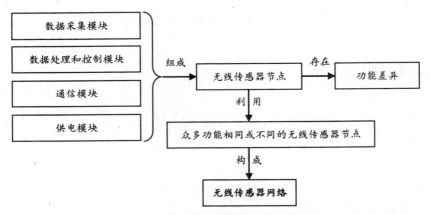

◆ 图 1-18　无线传感器的基本组成

❹ 两化融合

在移动物联网领域，所谓"两化融合"，其实就是工业化与信息化的深度融合，如图 1-19 所示。

在两化融合理念中，信息化与工业化是不可分割的发展整体，是在新型工业化发展中不可或缺的理论元素。以信息化为核心的两化融合，在物物相连的移动物联网时代必然将继续发挥出举足轻重的作用。

◆ 图 1-19　两化融合解读

1.1.4 移动物联网的应用模式

随着技术和应用的发展，特别是移动互联网的普及，移动物联网的覆盖范围发生了很大的变化，它基于特定的应用模式向着宽广度、纵深向发展。在这里，"特定的应用模式"是指它同其他的服务一样，存在着其应用方面的固有的特征和形式。这类应用模式归结到其用途上来说，具体可分为三类，如图 1-20 所示。

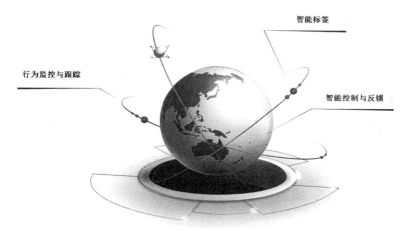

◆ 图 1-20 移动物联网的 3 种应用模式

关于移动物联网的应用模式，具体内容如下。

❶ 智能标签：区别个体与获得信息

标签与标识是一个物体特定的重要象征，在移动物联网时代，物体更是拥有二维码、RFID、条码等智能标签，如图 1-21 所示。

◆ 图 1-21 智能标签

通过以上等智能标签，可以进行对象识别和读取相关信息，正是因为如此，移动物联网领域的智能标签应用已经形成了一定规模，具体内容如图 1-22 所示。

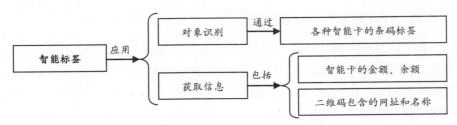

◆ 图 1-22　智能标签的生活应用分析

❷ 行为监控与跟踪

在如今互联网和移动互联网发展迅速的时代，社会中的各种对象及其行为都受到了来自通信技术的监控和跟踪，如图 1-23 所示。

◆ 图 1-23　生活中的智能监控系统

关于智能监控的生活场景已经可以说是屡见不鲜了，在移动传感器网络中更是时刻关注着社会环境中各种对象，如图 1-24 所示。

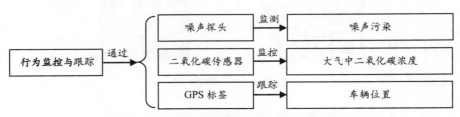

◆ 图 1-24　生活中的智能监控场景

❸ 智能控制与反馈

上述已经对移动物联网的对象识别和信息获取、对象的行为监控等作了介绍，在此基础上，移动物联网下一步就是对这些应用作进一步的控制与反馈，具体内容如图 1-25 所示。

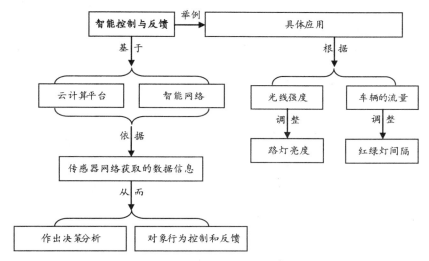

◆ 图 1-25　对象的智能控制和反馈的移动物联网应用

1.2 技术推动移动物联网发展

移动物联网所形成的覆盖世间万物的庞大网络，归根结底，其实是众多通信技术与感知技术等的集合，这一集合包括十二大技术应用，具体如图 1-26 所示。

移动物联网的技术集合 包括		
条形码	激光扫描器	红外线感应器
二维码	全球定位系统	3G/4G 技术
传感器	PLM 服务器	无线射频识别
遥感器技术	EPC 编码	M2M

◆ 图 1-26　移动物联网的技术集合

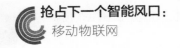
1.2.1　信息呈现——条形码标识

顾名思义，条形码其最重要的组成部分就是众多宽度不等的黑条，这些黑条纵向排列，中间形成一条条的白条，可以看作由黑白相间的条形排列组合而成，如图 1-27 所示。

◆ 图 1-27　黑白相间的条形码

然而，这种黑白条是按照一定的编码规则进行的排列，并不是杂乱无章的简单混合，其最终目的是表现该排列组合而成的图形的特定信息，如图 1-28 所示。

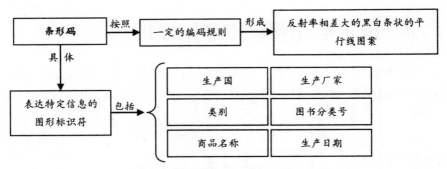

◆ 图 1-28　条形码的组成与信息呈现

1.2.2　远程扫码——激光扫描器

激光扫描器是传感器的一种，它利用光学性能，实现远距离的条码阅读，如图 1-29 所示。

◆ 图 1-29　激光扫描器

更重要的是，这种远距离的条码阅读设备的应用形式多样，可以从多方面实现其功能，具体内容如图 1-30 所示。

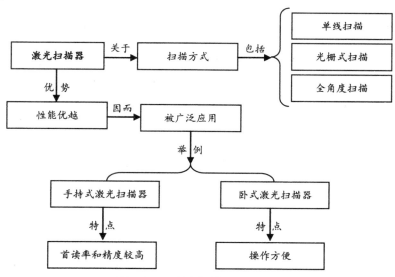

◆ 图 1-30　激光扫描器的应用分析

1.2.3　灵敏测量——红外线感应器

在生活中，红外线是一种非常普遍的存在，它具有多种物理性质，而红外线传感器就是利用这些物理性质来实现灵敏测量的，如图 1-31 所示。

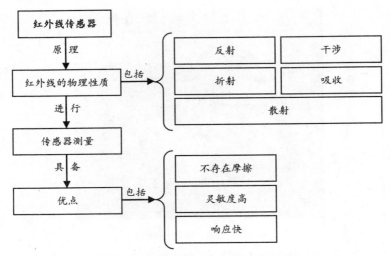

◆ 图1-31 红外线传感器的原理与优点分析

在移动物联网环境下，红外线传感器主要通过由光学系统、检测元件和转换电路组成的系统来实现灵敏测量，具体内容如图1-32所示。

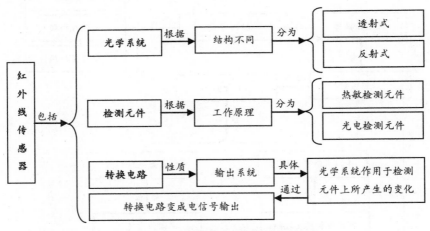

◆ 图1-32 红外线传感器的基本构成

1.2.4 信息识读——二维码标识

如今，随着资料自动收集技术的应用与发展，二维码技术作为条形码中的一种，也获得了相应发展，最终成为一种全新的信息存储与识读技术，更多地应用于移动终端设备。

然而，其作为利用特定图形和按照特定规律在二维方向上组合成的条形码标识，具有条形码的一般性质，如图 1-33 所示。

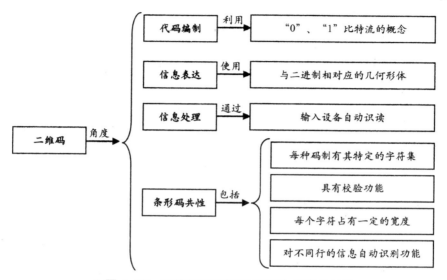

◆ 图 1-33　二维码的信息识读原理与具有的共性

　　二维码除了具备条形码的一些共性外，还具有其他的一些相较于条形码来说更有优势的方面，如图 1-34 所示。

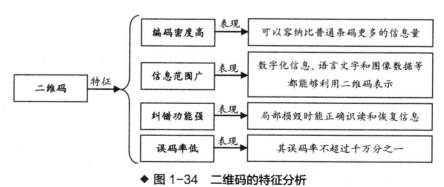

◆ 图 1-34　二维码的特征分析

1.2.5　测时与测距——全球定位系统

　　全球定位系统，英文名称为 Global Positioning System，GPS，是基于卫星与通信技术的发展而发展起来的。究其实质，全球定位系统是一个为地球

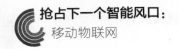
绝大部分地区提供海、陆、空三个领域的定位与定时服务的卫星导航系统，如图 1-35 所示。

◆ 图 1-35　全球定位系统

全球定位系统利用其发展优势，至今已经成功地在各个学科领域获得了广泛应用，如图 1-36 所示。

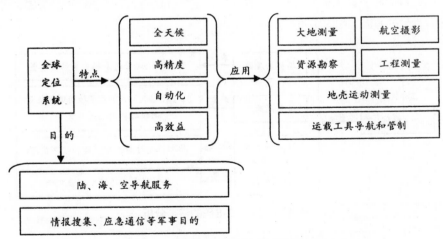

◆ 图 1-36　全球定位系统的特征与应用

1.2.6　无缝通信——3G/4G 技术

在移动物联网时代，3G 与 4G 的出现与发展给移动物联网的进一步发展提供了巨大的机会，至此，移动物联网实现了实时的人与物、物与物的传播，移动物联网的无缝通信也将进一步发挥出其巨大的作用，如图 1-37 所示。

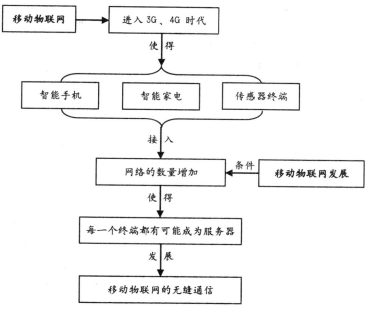

◆ 图 1-37　3G、4G 时代的移动物联网发展

1.2.7　信息输出——传感器

在信息高速运转的时代，传感器是人们获取自然和生产领域信息的重要途径和手段，其工作流程如图 1-38 所示。

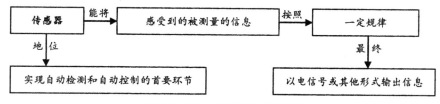

◆ 图 1-38　传感器的工作流程

通过图 1-38 中的工作流程，利用其特点能够满足对信息的各种处理要求，从而成功地广泛应用于社会发展和人们生活中的诸多领域，如图 1-39 所示。

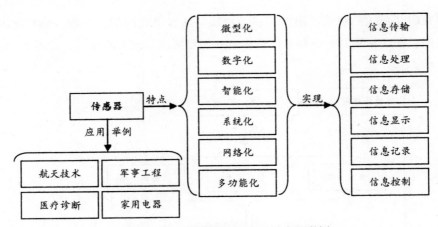

◆ 图 1-39　传感器的特点及其应用举例

传感器，形象地说，其实就是一种能够让物体有了触觉、味觉等感官的技术。在现实生活中，使得物体感知和变化的介质其实是不同的，传感器也是如此。从这一点出发，传感器可以分为十大类，具体内容如图 1-40 所示。

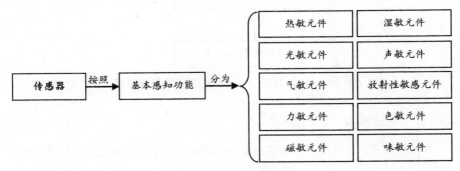

◆ 图 1-40　传感器的类别

1.2.8　内部集成——PLM 服务器

PLM 是产品生命周期管理的英文名称的简写，它是 PDM 的延伸和扩展，实质上包括以下三个层面的概念。

▶ PLM 领域；

▶ PLM 理念；

▶ PLM 软件产品。

在这三个层面上对其进行理解，那么 PLM 就是一种包括产品生命全过程的企业信息化的商业战略和一整套的业务解决方案，如图 1-41 所示。

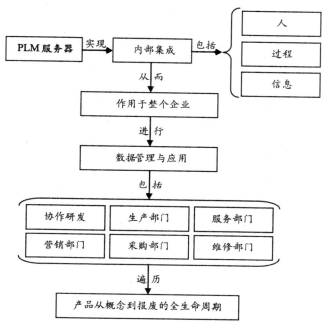

◆ 图 1-41 PLM 服务器的内部集成分析

1.2.9　自动化——无线射频识别

关于无线射频识别，本章的 1.1.3 ①中已经进行了详细论述，在此对其工作原理进行简短描述外便不再赘述。

无线射频识别的实现，其实是基于其各组成部分的自动协作，具体如图 1-42 所示。

◆ 图 1-42　无线射频识别的实现

1.2.10　远程识别——遥感器技术

遥感器技术是通过接收热辐射或反射的电磁波来对物体进行识别的，且这种

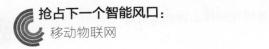

识别是远距离检测所得,如图 1-43 所示。

◆ 图 1-43 遥感器技术

关于遥感器技术的工作原理,要从环境中的电磁波现象与电磁波接收说起。具体内容如图 1-44 所示。

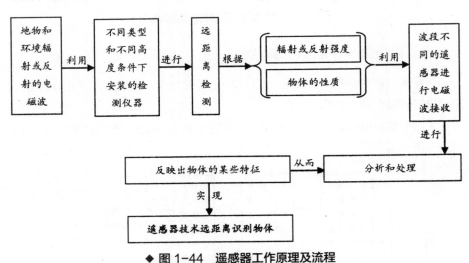

◆ 图 1-44 遥感器工作原理及流程

1.2.11 信息传递——EPC 编码

EPC 编码是一种编码系统,由产品电子编码的英文名称 Electronic Product-

Code的简写而得来。实质上它是一种通过互联网实现信息传递的RFID电子标签，如图1-45所示。

◆ 图1-45　EPC 编码

EPC编码建立在EAN.UCC条形编码基础之上、用一组数字来识别单个贸易项目的编码形式。关于其编码包含的具体信息及其体系类别如图1-46所示。

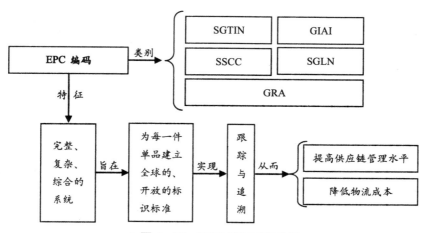

◆ 图1-46　EPC 编码系统分析

1.2.12　实时连接——M2M 技术

M2M，即"机器对机器"，也可以说是一种用来增强机器与机器、机器与

人等之间的通信能力的技术，在促进移动物联网的发展方面有着重要的作用，如图 1-47 所示。

◆ 图 1-47　M2M 助力移动物联网发展

在移动物联网时代，它通过不同的技术部分和不同类型的通信技术结合来实现其实时连接的功能，如图 1-48 所示。

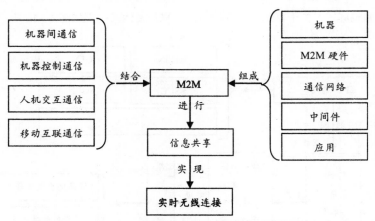

◆ 图 1-48　M2M 通信的实时连接实现分析

1.3　透析局势，掌控移动物联网

移动物联网自身就是一个大的社会环境，而这一环境又与周围其他环境有着千丝万缕的联系，如互联网、数字城市、移动互联网和 IPv6 等。只有在完全了解相关局势与环境情况的条件下，才能更好、更快地促进移动物联网的发展。

1.3.1 区别移动物联网与互联网

互联网是移动物联网形成和发展的核心和基础，移动物联网是在互联网的延伸和扩展，二者之间有着非常紧密的联系。相对于互联网这一范畴来说，移动物联网在以下方面有着明显的不同。

❶ 终端设备方面

众所周知，互联网是电脑端的互连，而移动物联网的目的和情形却是任意物体之间的互连，如图 1-49 所示。

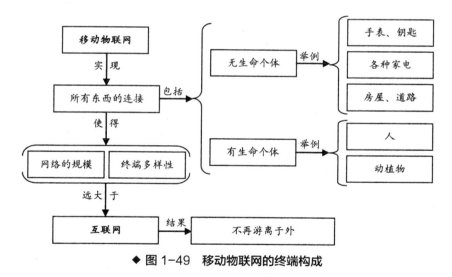

◆ 图 1-49　移动物联网的终端构成

❷ 物体感知方面

从物体感知方面来说，诸多技术的结合和任意物体之间众多终端设备的接入，使得移动物联网在这方面比互联网更具优势，其自动化程度明显更上一个台阶，生活中的各个方面都有着移动物联网自动化感知的踪影，如图 1-50 所示。

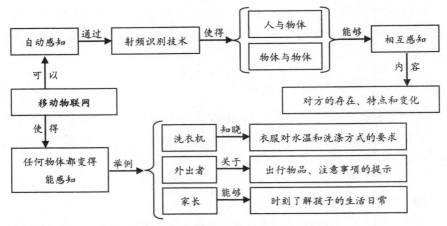

◆ 图 1-50　移动物联网的自动感知分析

❸ 网络智能方面

从网络智能方面来说，移动物联网在互联网的基础上进一步实现了信息获取的智能化。通过感应芯片和射频识别，一方面移动物联网能够实时获取相关信息，如接入这一巨型网络的人与物体的最新特征、位置和状态等；另一方面，移动物联网还能通过这些更全面、更及时的信息来发展壮大，从而在该网络的软件系统完善方面取得更大的成就。

1.3.2　数字城市的技术支撑——移动物联网

数字地球是一个实现全球信息化范畴内的概念，是和谐发展社会的系统工程或发展战略。而数字城市（Digital City）作为数字地球的组成部分，是数字地球发展的前期领域和基础。在其逐渐发展过程中，将为社会带来巨大的效益，如图 1-51 所示。

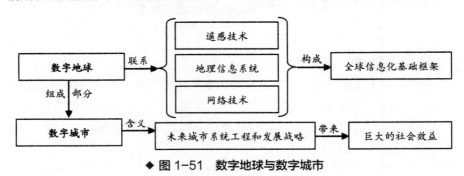

◆ 图 1-51　数字地球与数字城市

想要实现数字城市的发展和数字地球这一最终目标，移动物联网必不可少。可以说，移动物联网是实现数字城市的技术支撑，如图 1-52 所示。

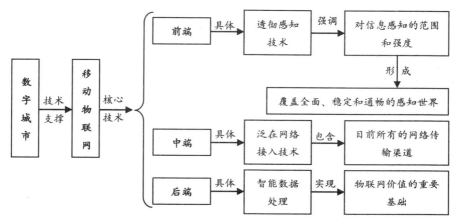

◆ 图 1-52　数字城市的移动物联网技术支撑关系分析

1.3.3　关联移动互联网与移动物联网

从字面上看只有一字之差的移动互联网和移动物联网，二者之间有着紧密的联系。移动互联网的一些应用将为移动物联网的融合提供现实的设备优势支撑，如图 1-53 所示。

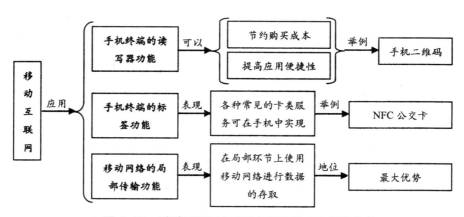

◆ 图 1-53　移动互联网在移动物联网融合方面的优势

由上图可知，移动互联网存在三个方面的接入移动物联网的优势，这些优势应用将延伸到人们生存环境中的各个角落，从而促进移动物联网的发展与融合，

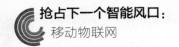

更好地完成移动物联网与移动互联网的结合。

1.3.4 IPv6 研发助力移动物联网

IPv6 是为了适应时代和网络发展而研发的新一代 IP 协议，它是 IPv4 的进一步完善与补充。其长达 128 为的巨大地址空间将彻底解决 IPv4 地址不足的问题，另外，IPv6 提供了从传感器终端到最后的各类客户端的"端到端"的通信特性。这两个方面的 IPv6 特征为物联网的发展创造了良好的网络通信环境，如图 1-54 所示。

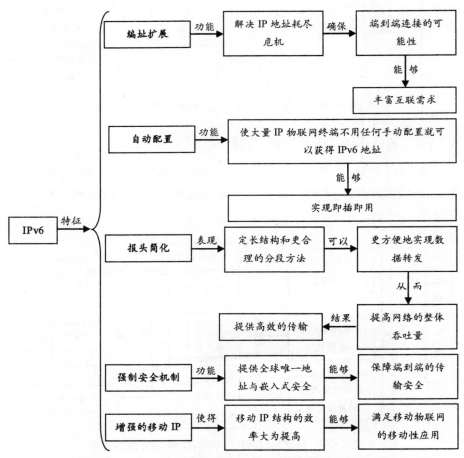

◆ 图 1-54 IPv6 研发为移动物联网发展提供的条件分析

1.3.5 移动物联网，现代产业未来发展的需要

目前，处于蓬勃发展阶段的互联网随着其普及率的日趋饱和，其发展空间将变得越来越狭窄。在这一情势驱动下，物联网技术应用而生。而随着移动终端应用的扩展，移动物联网也将成为现代产业未来发展的需要，如图 1-55 所示。

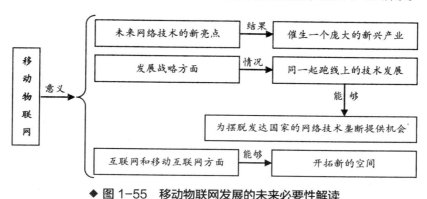

◆ 图 1-55　移动物联网发展的未来必要性解读

对我国来说，移动物联网为传统制造业的发展和转型提供了机遇，如图 1-56 所示。

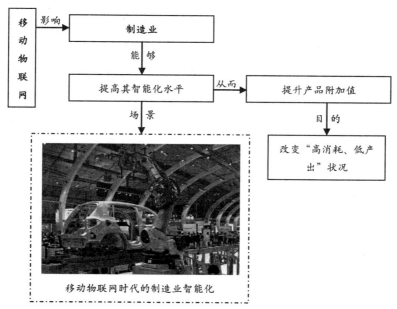

◆ 图 1-56　移动物联网对我国未来制造业智能化发展的影响

CHAPTER 2

两化融合，高层次的移
动物联网理念

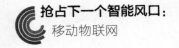
2.1 逐步深入，认识两化融合

"工业化"与"信息化"的概念经常被人们提及，它们构成了现代社会的重要组成部分。作为这两个概念结合的"两化融合"，在现今时代环境下，究竟有着怎样的内涵呢？本节将具体为读者介绍关于两化融合的方面的内容，如图 2-1 所示。

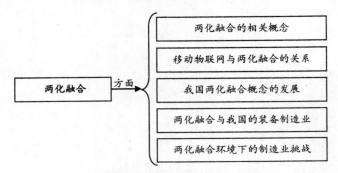

◆ 图 2-1　两化融合方面的内容

2.1.1　概念生成——两化深度融合

"两化融合"指的是"信息化"与"工业化"两者之间的深度、紧密融合。在此，我们首先需要概括性地了解有关信息化和工业化的相关知识。

所谓"信息化"，即从计算机、通信和网络技术这一基础出发，发展以智能化的生产工具为标志的社会新生产力，并最终应用于社会发展的过程。

在现代社会中，"信息化"的概念包含了非常丰富的含义，具体内容如图 2-2 所示。

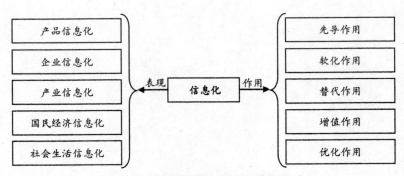

◆ 图 2-2　信息化的表现与作用

　　所谓"工业化"，即在一个国家或地区的国民经济体系中，工业或第二产业的生产活动起主导作用的历史过程，它包括两个方面的内容，如图 2-3 所示。

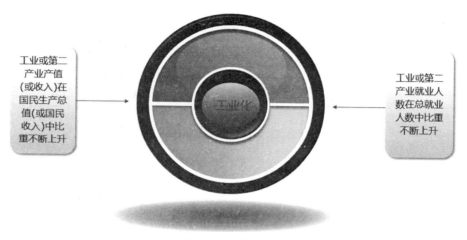

◆ 图 2-3　工业化的表现

　　"两化融合"，从其字面意思来看，它关联着信息化与工业化的高层次发展内涵，即"以信息化带动工业化、以工业化促进信息化"，从而在互为支撑的情形下促进社会发展，如图 2-4 所示。

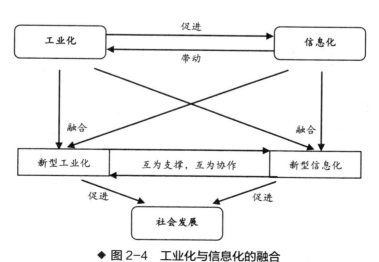

◆ 图 2-4　工业化与信息化的融合

在信息化与工业化高层次、深度融合的情形下，二者互为依托，它有着两个方面的含义，一是"两化融合"这一理念的最终目的是新型工业化目标的实现，如图2-5所示。

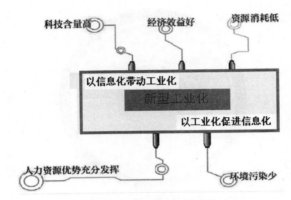

◆ 图2-5 新型工业化的含义解读

新型工业化最突出的表现可以用一个"新"字来概括。与传统工业化相比，其有三个方面的特点，如图2-6所示。

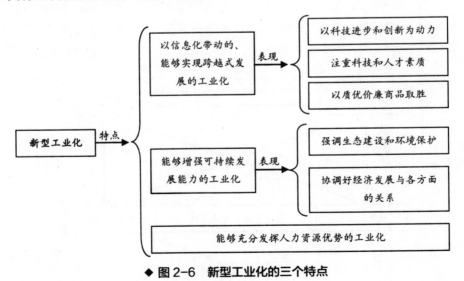

◆ 图2-6 新型工业化的三个特点

二是两化融合是以信息化支撑为核心，追求可持续发展模式，如图2-7所示。

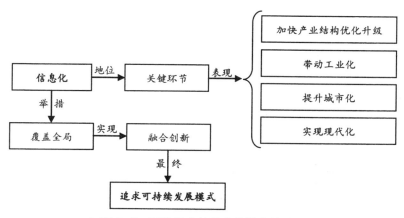

◆ 图 2-7 两化融合的信息化核心地位解读

综上所述，两化融合是在一定条件下的工业化和信息化发展的历史必然产物，是工业化与信息化高度融合的社会表现，如图 2-8 所示。

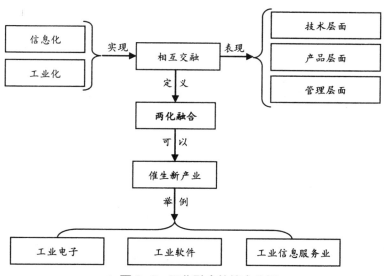

◆ 图 2-8 两化融合的综合分析

2.1.2 关系——移动物联网与两化融合

在移动物联网时代下，由信息化与工业化结合的两化融合紧扣时代发展命脉，与时俱进，在促进移动物联网发展方面有着重要的作用。关于移动物联网与两化融合的相互关系，其具体内容如图 2-9 所示。

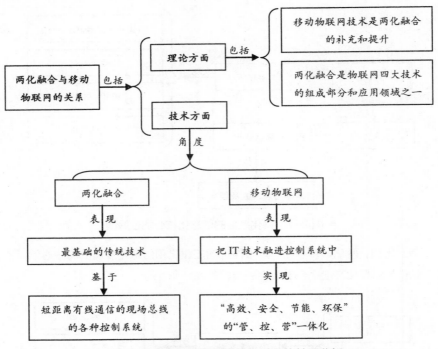

◆ 图2-9 两化融合和移动物联网的关系分析

2.1.3 发展——时代趋势下的两化融合

两化融合是社会发展的必然趋势，关于这一趋势的"两化融合"概念的形成经历了一个不断完善的过程，主要包括两个阶段，如图2-10所示。

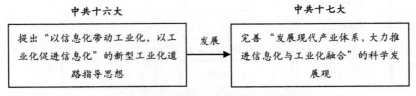

◆ 图2-10 两化融合发展的两个阶段

在两化融合概念形成和发展过程中，其目标、举措等都有了系统的论述，下面以推进两化融合的三个层次来进行理解，如图2-11所示。

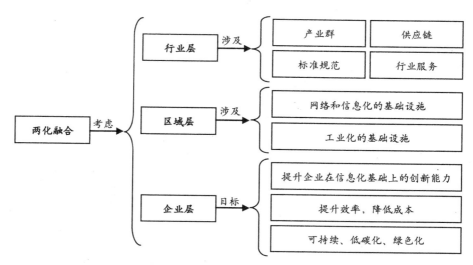

◆ 图2-11 推进两化融合的三个层面

2.1.4 核心——装备制造业的产业升级

　　所谓"装备制造业"，是制造业的重要组成部分，它是为国民经济发展提供生产技术装备的制造业。关于我国的装备制造业，其具体内容如图2-12所示。

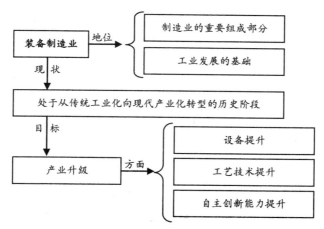

◆ 图2-12 我国的装备制造业简介

　　上图的"自主创新能力提升"其实是以两化融合为核心的，因此，想要实现产业升级的目标就必须走"两化融合"的道路。

想要通过两化融合实现我国的装备制造业的产业升级，就必须保证在工业领域的信息化应用不能只是为信息化而信息化，而是应该探索出一种适合发展的"两化融合"新模式，否则无法实现先进的信息技术与自主创新能力的转化。

关于我国两化融合新模式的探索，具体内容如图 2-13 所示。

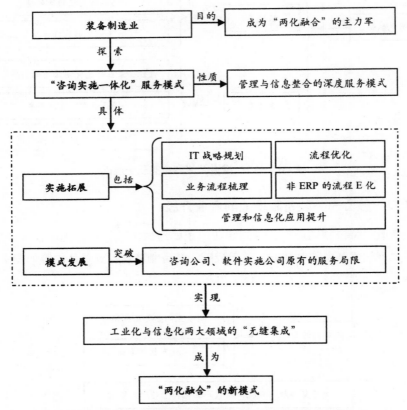

◆ 图 2-13　我国装备制造业推进两化融合的模式探索

2.1.5　挑战——制造业领域的两化融合

在两化融合环境下，一方面制造业取得了重大的发展，另一方面也面临着众多的、巨大的挑战，主要表现在八个方面，主要内容如下。

❶ 业务流程管理方面

业务流程的一体化管理是企业的重中之重，只有在很好地解决了这一前提的基础上，企业才能有序、稳定发展。在企业的业务流程管理方面，想要实现其集成管理目标，还有诸多亟待解决的问题，如图2-14所示。

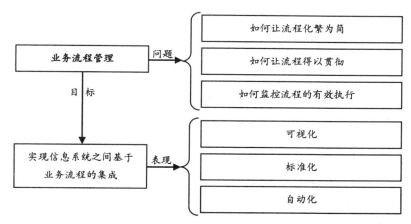

◆ 图2-14　两化融合环境下的企业业务流程管理

❷ 信息系统与业务运作方面

现今，诸多领域都与信息系统建立了牢不可破的关系，企业的业务运作方面也是如此。只有处理好企业信息系统与业务运作的需求关系，才能更好地促进企业的发展，如图2-15所示。

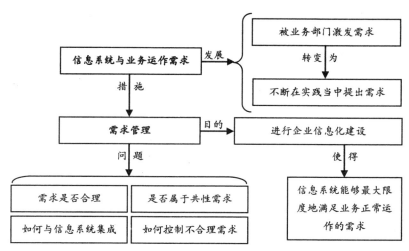

◆ 图2-15　两化融合环境下的信息系统与业务运作

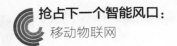
❸ 信息系统与制造模式变化方面

与业务运作需求一样，企业制造模式的变化同样需要其信息系统的协作。在制造模式的变革趋势下，企业应时刻注意信息体统与各方面的集成，如图 2-16 所示。

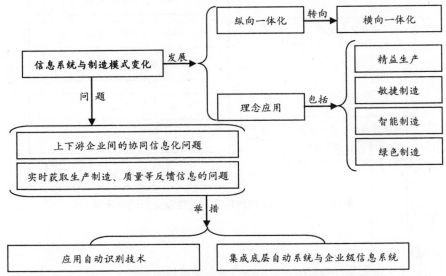

◆ 图 2-16 两化融合环境下的信息系统与制造业变化

❹ 信息系统与企业变革方面

在两化融合环境下，企业变革同样需要信息系统的支撑。只有利用信息系统，才能跟上变革的步伐，进一步支撑企业的发展战略，如图 2-17 所示。

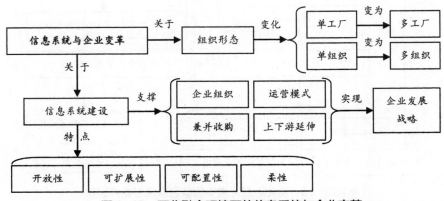

◆ 图 2-17 两化融合环境下的信息系统与企业变革

⑤ 新兴 IT 技术应用方面

IT 技术是信息技术的一种，在信息化过程中起着重要的作用，且它在这一过程中的应用实践基础上催生了众多新的事物，如图 2-18 所示。

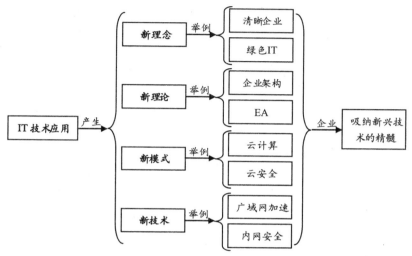

◆ 图 2-18　两化融合环境下的新兴 IT 技术的应用

⑥ 沟通能力方面

在企业的信息化建设过程中，对内和对外的相关方面的有效沟通是必要的，也是集聚资源的重要举措，如图 2-19 所示。

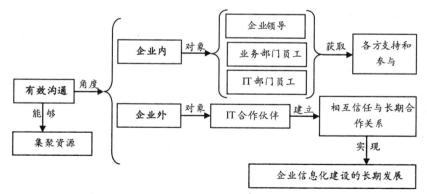

◆ 图 2-19　两化融合环境下的企业沟通能力

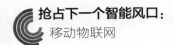

❼ 企业 IT 管理方面

在进行企业信息系统建设过程中，必然会伴随着 IT 架构和应用系统的复杂化发展趋势。在这种情形下，制造业企业就非常有必要对 IT 体系进行有效管理，如图 2-20 所示。

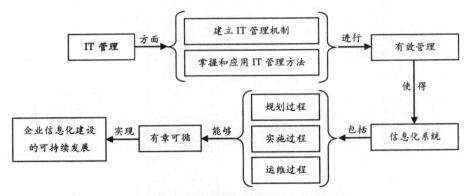

◆ 图 2-20　两化融合环境下的企业 IT 管理

❽ 企业 IT 项目管理方面

古语曰："不积跬步，无以至千里；不积小流，无以成江海。"企业的信息系统建设也同此理，它是由一个个 IT 项目积聚而成的。因此，在其信息化建设过程中，必须对 IT 项目进行有效管理，如图 2-21 所示。

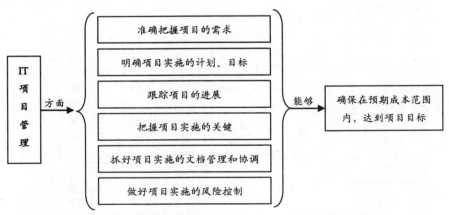

◆ 图 2-21　两化融合环境下的企业 IT 项目管理

在两化融合环境下，上述这八个方面是制造业领域内存在的主要挑战，通过

综上所述，在对它们有了透彻了解的情形下，企业将获益匪浅。

 解读两化融合

两化融合是移动物联网的关键领域之一，上述已经对两化融合的基本概念与各方面的关系进行了了解，接下来将重点对其主要内容进行介绍。

关于两化融合的主要内容，从二者融合的各个方面和对象出发，可以分为四点，如图 2-22 所示。

◆ 图 2-22　两化融合的主要内容

2.2.1　技术融合，创新推动

所谓"技术融合"，即两种或两种以上的不同技术或关于技术方面的行业、装置等融入一个统一整体的过程。在两化融合概念范畴内，其主要内容方面的技术融合是指工业技术与信息技术的融合，如图 2-23 所示。

◆ 图 2-23　技术融合

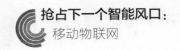

关于两化融合的技术融合方面，其目标同其他领域或范畴内的技术融合一样，都是为了推进技术创新，且这一目的在现今社会中已经有了实现的案例存在，如图 2-24 所示。

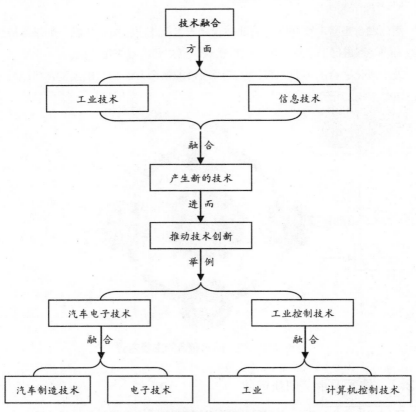

◆ 图 2-24　两化融合理念的技术融合分析

2.2.2　产品融合，价值提升

所谓"产品融合"，一般是指企业新生产品之外的技术、产品、文化和理念等事物向其渗透的过程。

在两化融合概念中，因为涉及信息化和工业化领域，所以其产品融合的主要渗透因素包含两个方面，主要内容如下。

▶ 电子信息技术——信息化领域；

▶ 电子信息产品——兼顾两领域。

因此，在这里的产品融合是指电子信息技术或电子信息产品向工业产品的渗透过程，如图 2-25 所示。

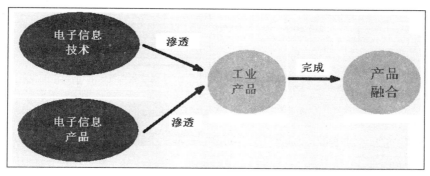

◆ 图 2-25　两化融合的产品融合含义

在两化融合的产品融合层面上，其最终目的是提升产品的技术含量，从而创造出智能化、自动化和高附加值的产品，如图 2-26 所示。

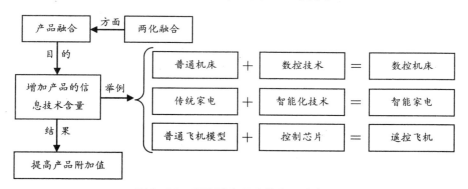

◆ 图 2-26　两化融合理念的产品融合分析

2.2.3　业务融合，效率提高

在两化融合理念中，"业务融合"完全是信息化在工业化领域的渗透，具体是指信息技术应用到企业产品从萌芽到销售的整个生命周期的过程。可以说，业务融合层面是两化融合内容的四个方面中涉及最广的，所有与企业业务相关的方面都被包括在内，如图 2-27 所示。

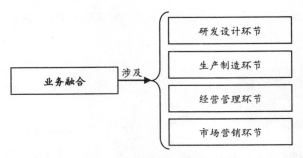

◆ 图 2-27 业务融合包括的方面

遍及企业各业务环节的业务融合的目的是推动企业业务创新和管理升级,具体内容如图 2-28 所示。

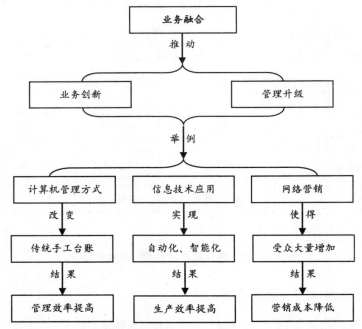

◆ 图 2-28 两化融合理念的业务融合的意义与应用

2.2.4 产业衍生,业态发展

上面所介绍的技术融合、产品融合和业务融合等三个层面的内容都是基于企业或产业内部的融合,而两化融合另一个层面的内容——产业衍生则直指外围,它是对产业体系外的工业化与信息化融合基础上的动态陈述。

所谓"产业衍生"，即信息化与工业化的高层次的深度融合催生出新的产业，如图 2-29 所示。

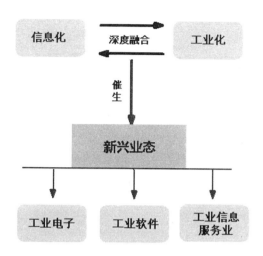

◆ 图 2-29　两化融合的产业衍生

从图 2-29 可知，两化融合衍生的新兴业态主要包括三个方面的产业，具体内容如图 2-30 所示。

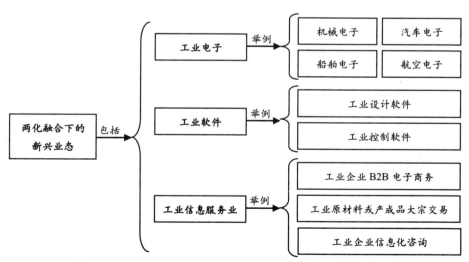

◆ 图 2-30　两化融合下的产业衍生具体情况

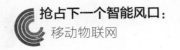

2.3 广泛应用，推进两化融合

两化融合作为移动物联网的关键领域之一，在社会各行业和各领域内有着非常广泛的应用，且这一应用也将会随着移动物联网的进一步发展而扩展。下面将从社会行业发展的角度出发，介绍两化融合的具体应用和发展。

2.3.1 【案例】"双塔"发展，两化融合助推

双塔食品有限公司是我国粉丝行业生产厂家中的佼佼者，其生产的"双塔"牌龙口粉丝曾先后斩获"中国名牌"和"中国驰名商标"的桂冠，成为山东招远龙口粉丝发源地和主产区的有力见证和重要代表。如图 2-31 所示为双塔食品公司。

◆ 图 2-31 双塔食品公司

关于双塔食品公司的发展，其具体条件与现状如图 2-32 所示。

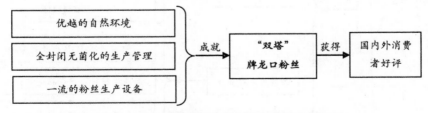

◆ 图 2-32 双塔牌龙口粉丝的发展条件与现状

目前，双塔食品公司基于其独特的地理条件和产品品质，其产品已经远销几十个国家和地区，如图 2-33 所示。

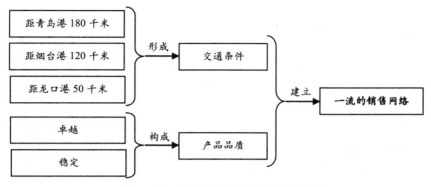

◆ 图2-33 双塔食品公司产品销售分析

双塔食品公司在产品生产和销售领域所取得的巨大成就其实是与其"两化融合"理念应用的发展进程分不开的，具体表现在以下三个方面。

❶ 智能生产方面

公司在发展和壮大的过程中，敏锐地感觉到在生产方面的缺陷和制约，并积极加以改进，从而实现了智能化的车间生产，如图2-34所示。

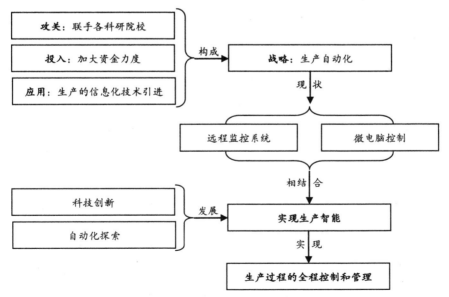

◆ 图2-34 双塔食品公司的智能生产形成分析

可以说，双塔食品公司生产领域的"两化融合"进程，其实就是其自动化和智能化生产的发展过程，也是其生产流程管理全面信息化的体现，如图2-35所示。

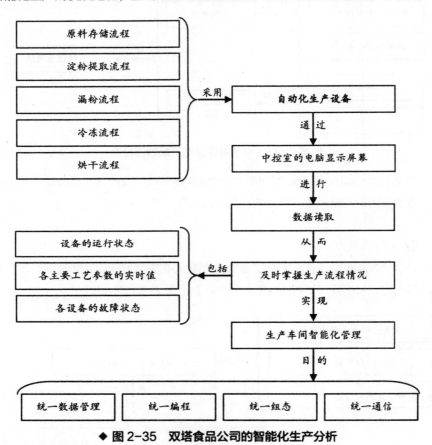

◆ 图2-35 双塔食品公司的智能化生产分析

❷ 科学管理方面

双塔食品公司在发展过程中逐渐呈现出了与其他企业相似的趋势，具体如下：

▶ 不断壮大的企业规模；

▶ 逐渐增多的产品种类；

▶ 日渐延伸的产业链条。

上述企业发展趋势在为公司带来巨大利益的同时也把一个众多企业必须面对的挑战摆在了双塔食品公司面前，那就是随着企业的发展随之而来的管理方面的问题。双塔食品公司从"两化融合"理念出发，利用信息化，积极应对这一挑战，如图 2-36 所示。

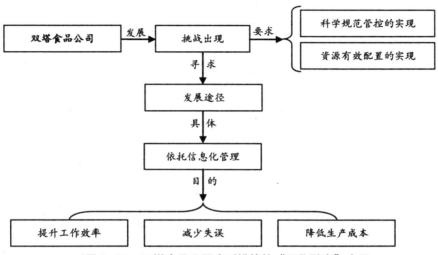

◆ 图 2-36　双塔食品公司应对挑战的"两化融合"应用

在双塔食品公司的信息化管理方面，信息技术的应用涉及企业业务的各个方面，实现了企业全流程链接，如图 2-37 所示。

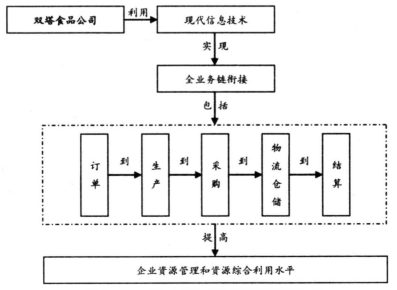

◆ 图 2-37　双塔食品公司的业务流程管理分析

❸ 市场竞争方面

双塔食品公司在以两化融合为基础的生产过程中，在物联网和移动物联网发展的时代趋势下，与时俱进，积极探索，以期在新的形势下以高昂的姿态步入和走完新的时代里程，获得市场竞争优势。

在升级企业市场竞争优势方面，双塔食品公司主要是从产业链和电子商务这两个方面着手，具体内容如下。

（1）智能化的产业链。在自动化、信息化生产设备的基础上，实现智能化的产业链生产是双塔食品公司的一大特色，也是两化融合在工业生产中起示范带头作用的具体表现，如图2-38所示。

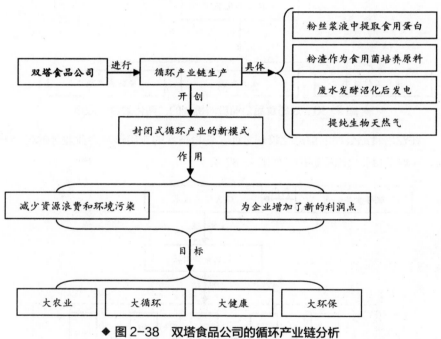

◆ 图2-38 双塔食品公司的循环产业链分析

（2）创新性的电子商务。在互联网和移动互联网发展的开放性时代，电子商务成为主要的商业贸易活动之一。

双塔食品公司为适应这一发展趋势，在智能化管理体系基础上，建立了仓储能力强大的自动化物流立体仓库。它的建立，使得全面、实时掌握仓储基本情形成为可能，包括"是否有库存？"、"有多少库存？"和"能发多少货？"，等等。

它能够进行全程自动化的数据获取、传送、判断和指令执行，在节省人员成本的同时，也大大降低了差错率。

在自动化物流立体仓库这一电子商务发展、壮大的必备要素建立的基础上，企业进一步完善了智能化管理体系，实现市场竞争优势的全面升级，如图 2-39 所示。

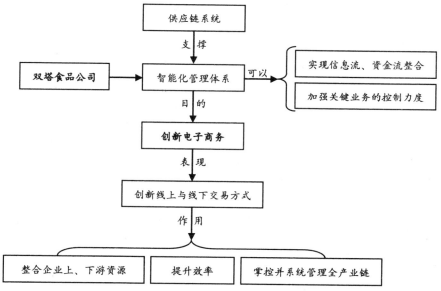

◆ **图 2-39 双塔食品公司的电子商务创新分析**

2.3.2 【案例】徐工"智慧行"，两化融合推进

在我国的工程机械行业方面，徐工集团是一个不能不提及的、具有重大影响力的存在，如图 2-40 所示。

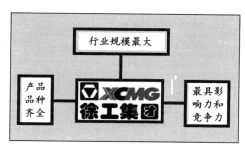

◆ **图 2-40 徐工集团的地位**

　　徐工集团在取得如此地位和成就的过程中，"两化融合"作为一种重要的发展理念，起到了非常重要的促进和支撑作用，如图 2-41 所示。

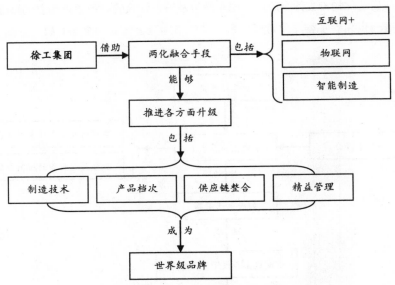

◆ 图 2-41　徐工集团的发展分析

　　由图 2-41 可知，徐工集团的"两化融合"理念的应用在企业生产和制造中得到了完美体现，推动了企业各方面的"智慧行"升级，具体内容如图 2-42 所示。

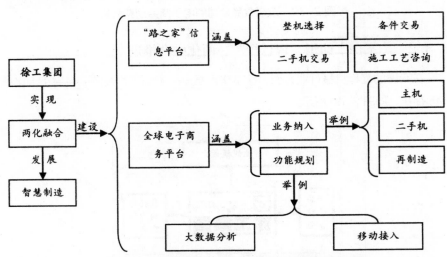

◆ 图 2-42　徐工集团的两化融合与智慧制造分析

2.3.3 【案例】医药产业转型，连云港两化融合加速

攸关人身健康的医药产业一直是社会关注和发展的重点。在"两化融合"理念下，医药产业也走上了转型升级与质量提升的道路，致力于实现工业化与信息化的深度融合，如图 2-43 所示。

◆ 图 2-43　医药行业的两化融合应用与发展

在医药行业着力推进两化深度融合的时候，连云港也不甘落后，凭借其优惠的扶持政策，加速医药产业转型，推进两化融合，实现智能制造，如图 2-44 所示。

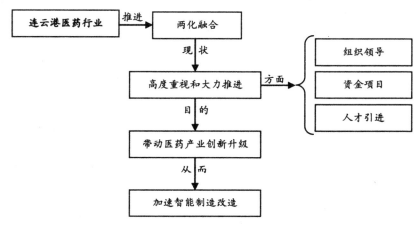

◆ 图 2-44　连云港的两化融合推进现状

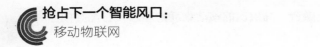

关于连云港两化融合的现状，需要从成就、存在的问题和未来目标两个方面来进行具体分析。

就其成就方面而言，下面以正大天晴为例，从具体案例出发，进行具体、详细的介绍，如图 2-45 所示。

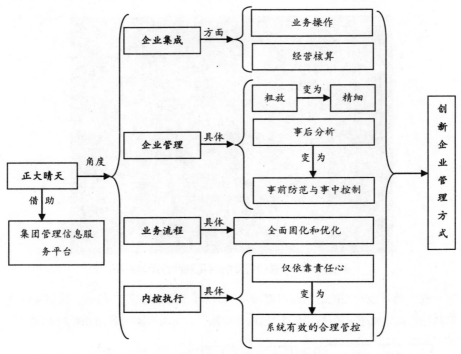

◆ 图 2-45　连云港正大晴天的两化融合成就分析

仅存在的问题和解决办法而言，连云港的医药产业领域有必要加速两化融合，如图 2-46 所示。

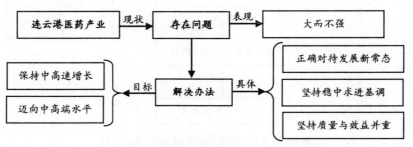

◆ 图 2-46　连云港医药产业发展存在的问题与解决办法

2.3.4 【案例】 "4322"工程，两化融合深度行

上述已经对两化融合在食品行业、工业机械和医药行业的应用进行了介绍，关于两化融合在行业方面的应用已有了一个大致的了解。下面将以青海"4322"工程为例，如图2-47所示，具体介绍这一理念在市政建设方面的应用。

4 打造4个销售收入达千亿元产业

3 建设300项重点工业项目

2 抓好200个技术改造和创新工程

2 推进2项企业培育工程

◆ 图2-47 青海"4322"工程

关于青海"4322"工程与两化融合，其具体内容如下。

❶ 4个销售收入达千亿元产业

"4个千亿元产业"是指锂电、新材料、光伏光热和盐湖资源综合利用，它们是促进发展和两化融合的"主阵地"，如图2-48所示。

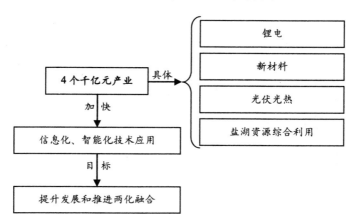

◆ 图2-48 "4个千亿元产业"与两化融合分析

❷ 300 项重点工业项目

"300 项重点工业项目"，即以重点工业园区和 15 个重大产业基地为主要载体的重点工业项目，它们依托现代信息化技术的基础上加快工业发展，促进两化融合进程加速，如图 2-49 所示。

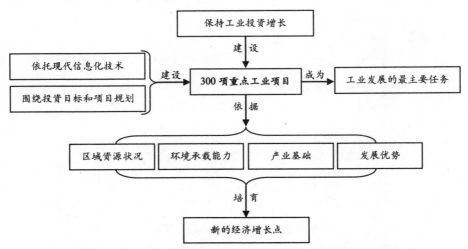

◆ **图 2-49   依托信息化的"300 项重点工业项目"建设**

❸ 200 个技术改造和创新工程

"200 个技术改造和创新工程"是一项涵盖信息产业和融合了信息技术应用的工程，它们结合时代经济发展的新趋势、新特点和新要求，促进包括信息产业在内的新兴产业领域的发展和进步，如图 2-50 所示。

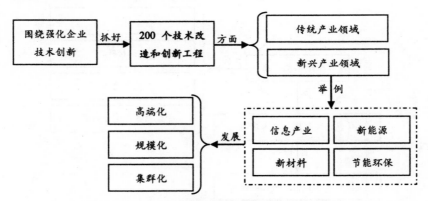

◆ **图 2-50   200 个技术改造和创新工程建设分析**

❹ 2 项企业培育工程

"2 项企业培育工程"是指应用信息化技术强化政策集成与企业技术创新的工程，它们涉及各个规模的产业领域，以期实现经济的总体发展，如图 2-51 所示。

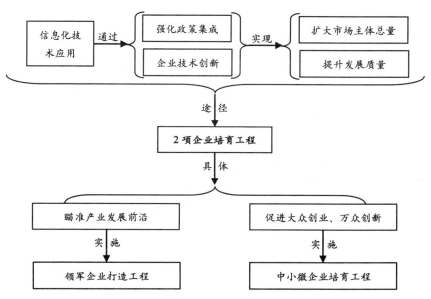

◆ 图 2-51 2 项培育工程的发展与推进分析

移动支付，智能化的移动物联网金融

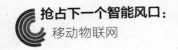

3.1 认识移动支付

随着移动互联网、移动物联网的发展，移动支付在与它们逐渐融合的过程中迅速兴起，已经成为移动物联网领域发展最为成熟的手段和应用之一，如图3-1所示。

移动物联网时代

◆ 图3-1　移动物联网时代下的移动支付

那么，移动支付的"庐山真面目"是什么呢？接下来本节将从移动支付的概念、主要类别、发展阶段和特点等方面出发，进行具体介绍。

3.1.1 概念——移动终端上的支付

所谓"移动支付"，是指在移动终端上，用户通过发送支付指令而对所消费的商品或服务及某种货币进行支付的货币转移行为，如图3-2所示。

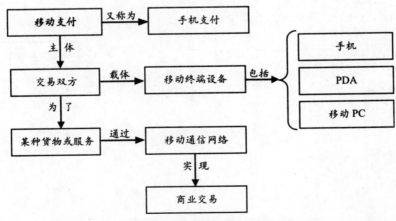

◆ 图3-2　移动支付的概念分析

可见，移动支付是一种有别于现金支付和互联网支付等的支付方式。在移动支付这一服务方式的交易行为发生过程中，其融合了多方服务的价值链已经形成，如图 3-3 所示。

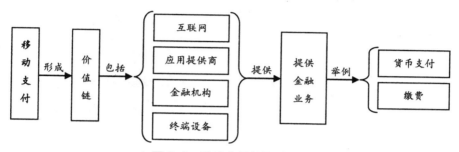

◆ 图 3-3　移动支付的价值链组成

3.1.2　类别——近场与远程并举

关于支付的方式，可以说是多种多样的，而其中，移动支付这一方式根据其使用场景的不同，又可以分为近场支付和远程支付，如图 3-4 所示。

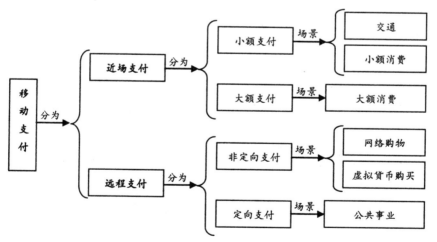

◆ 图 3-4　移动支付的类别

关于移动支付的分类，具体内容如下。

❶ 近场移动支付

近场移动支付，又称为近端支付，是指利用手机这一移动终端设备进行近距

离识别，从而为商品或服务进行支付的行为过程，如图 3-5 所示。

◆ 图 3-5　近场移动支付

而近场移动支付根据 POS 机认证方式的不同，可分为脱机支付和联机支付，具体如图 3-6 所示。

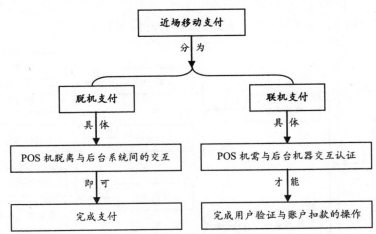

◆ 图 3-6　脱机支付和联机支付

❷ 远程移动支付

远程移动支付，即通过移动终端发送相关指令来为商品或服务进行支付的服务方式和过程。

在日常生活中远程移动支付越来越受到人们的青睐，如通过手机上网、短信等方式向网银、电话银行等发送支付指令来进行水、电等方面的缴费行为就属于远程移动支付，如图 3-7 所示。

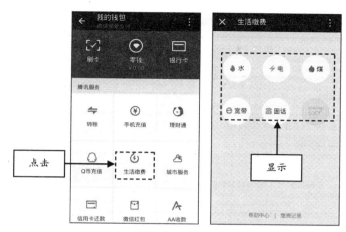

◆ 图 3-7　远程移动支付——生活缴费

　　远程移动支付根据认证方式的不同，可分为两类，即定向支付和非定向支付，前者如水、电缴费和手机卡充值，后者如网络购物，这些都是人们生活中常见的远程移动支付行为。

3.1.3　发展——历经三阶段的移动支付

　　在我国，移动支付经历了较长的发展过程。早在 1999 年，就进行了移动支付试点，移动支付概念出现，经过十多年的发展，已经形成一定的规模。在这一发展过程中，共经历了三个阶段，如图 3-8 所示。

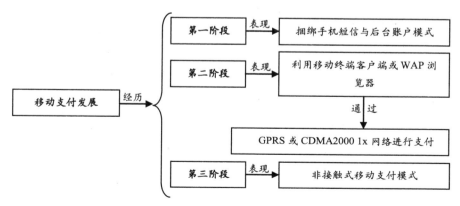

◆ 图 3-8　移动支付的发展阶段

　　关于移动支付发展的具体内容，如表 3-1 所示。

表 3-1 我国移动支付的发展

时间	企业 / 机构	事件
1999 年	中国移动与中国工商银行、招商银行	移动支付概念出现，并在一些省市开始移动支付业务试点
2002 年	银联、18 家商业银行和 2 家电信运营商	成立"移动支付产业联盟"
2011 年	中央银行 / 三大电信运营商	中央银行下发第三方支付牌照，银联等获许可证；三大运营商相继成立移动支付公司；至此，移动支付业务渐成规模
2012 年	中国人民银行	正式发布中国金融移动支付系列技术标准，确定为13.56M 支付方案为金融支付标准

我国第三方支付市场在市场需求和交易规模等方面的快速发展进一步完善了移动支付体系，促进了移动支付的发展，如图 3-9 所示。

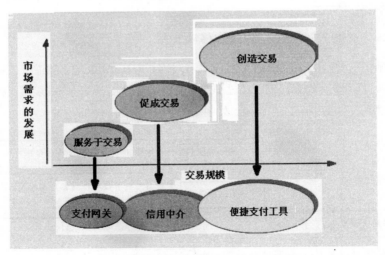

◆ 图 3-9 我国第三方支付市场的发展

3.1.4 特点——便捷、安全与综合

提到移动支付，人们首先想到的可能是便捷与安全这两个基本特点。自移动支付出现以来，它们便成为人们关注的焦点。接下来将系统地介绍移动支付的使用便捷、安全保障和移动与综合性三个基本特点。

❶ 使用便捷

移动支付，顾名思义，就是移动通信与电子支付的结合体，基于这两种现代先进技术，移动支付在为用户服务时体现出了其非同寻常的便捷性，如图 3-10 所示。

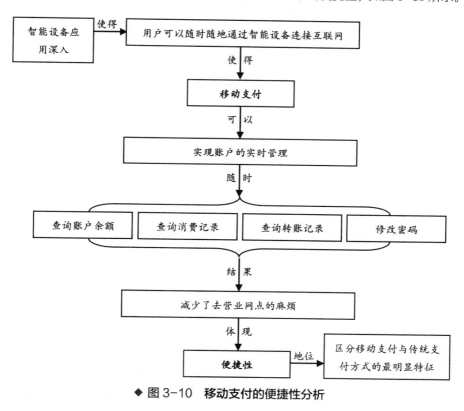

◆ 图 3-10　移动支付的便捷性分析

❷ 安全保障

移动支付是一种直接涉及用户资金的服务方式和交易行为，在电子商务中是一个关键所在。同时，随着移动支付应用的普及，安全性这一问题日益凸显，人们在感受移动支付使用便捷的同时也越来越忧心其交易的安全性。

因此，相较于使用的便捷性得到了大众认可而言，移动支付的安全性还存在诸多疑问，并不被所有人所肯定，即使有着众多安全手段的护航，这一焦虑也未消减。

关于移动支付的安全手段，主要种类如图 3-11 所示。

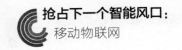

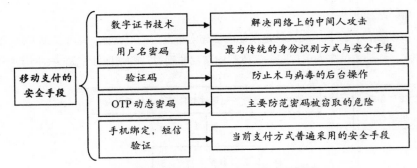

◆ 图3-11　移动支付的安全手段的种类

在这些安全手段中，"手机绑定，短信验证"是目前最为人们所信任和接受的方式之一，其具体功能如图3-12所示。

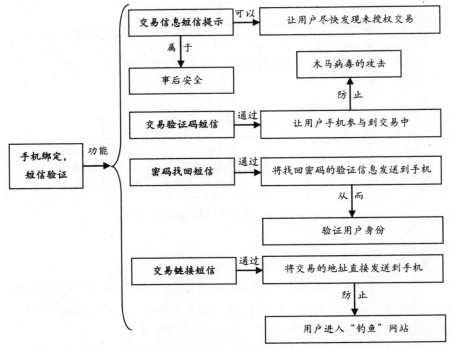

◆ 图3-12　"手机绑定，短信验证"安全手段的功能分析

对于移动支付而言，"手机绑定，短信验证"等诸多安全手段的应用和安全系数最高的智能卡芯片的使用，使得用户利益在最大程度上得到了保障。其安全性相对于传统支付方式的银行磁条卡具有，明显优势。

❸ 移动性与综合服务

移动支付，从字面上来看，其与传统支付方式的最大不同就在"移动"二字上，这是由移动终端的可移动性决定的。因此，移动支付除了具有使用便捷和安全保障两个基本特点外，还具有移动性与综合服务的特点，如图 3-13 所示。

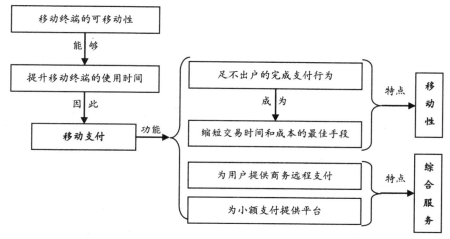

◆ 图 3-13　移动支付的移动性与综合服务分析

3.2 技术支持实现移动支付

移动支付是一种具备多功能的服务方式，而这些功能的实现又是凭借具体的支付方案和技术来实现的，具体内容如图 3-14 所示。

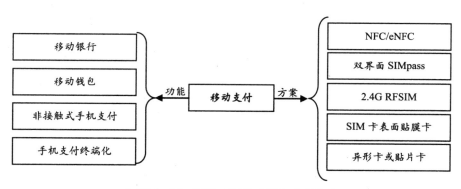

◆ 图 3-14　移动支付的功能和实现方案

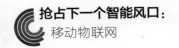
抢占下一个智能风口：
移动物联网

在图3-14的移动支付实现方案举例中，有三类方案的技术应用是值得注意的，它们已经成为我国三大电信运营商提供的移动支付服务的主流技术，如图3-15所示。

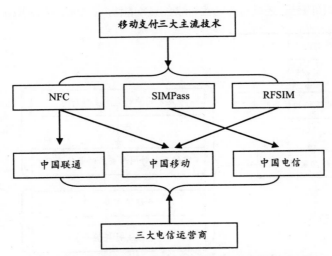

◆ 图3-15　我国三大电信运营商应用的移动支付技术

3.2.1　三种方式主导手机支付

移动支付的技术是附着于一定的方式和应用途径上的，只有这样，先进技术的价值才能具体体现出来，因此，在介绍移动支付的主流技术之前有必要了解移动支付的主要途径。

移动支付的途径，即移动支付行为得以实现的具体方式。因为移动支付又称为手机支付，所以下面就以手机这一移动终端设备为例，具体讲述移动支付实现的三种主要途径。图3-16所示为手机支付的主要途径。

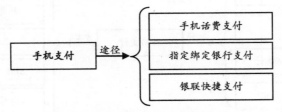

◆ 图3-16　手机支付的主要途径

关于手机支付的主要途径，具体内容如下。

❶ 手机话费支付

所谓"手机话费支付"，即通过充值的手机话费进行网络购物、服务和缴费等方面的支付，一般进行的是小额支付。

在手机话费支付方式中，费用是通过手机账单的方式收取的，它需要开通业务才能发生支付行为，具体内容如图3-17所示。

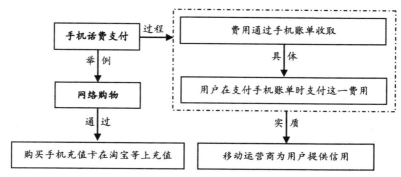

◆ 图3-17　手机话费支付分析

"25小时"商街开通的手机话费支付是这种方式在网络购物中得以应用的一个典型案例。

关于"25小时"商街，其概况如图3-18所示。

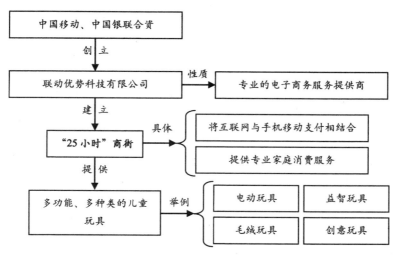

◆ 图3-18　"25小时"商街简介

用户利用手机话费支付的方式在"25小时"商街的网购平台上进行购物是一

种新兴的购物方式与支付方式的结合，购物过程的具体内容如图 3-19 所示。

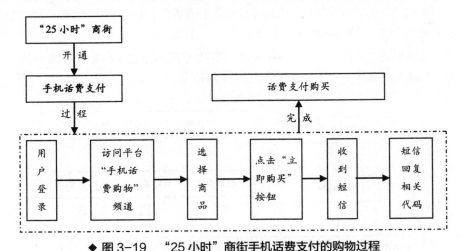

◆ 图 3-19　"25 小时"商街手机话费支付的购物过程

目前，手机话费支付方式并没有在大范围内得到应用，且支付涉及金融业务，而电信运营商的基本业务在移动通信领域，这样的支付方式有超业务范围之嫌，因而手机话费支付方式只应利用于有限的几个方面，如手机铃声下载、电子书阅读与购买和游戏充值等。图 3-20 所示为利用手机话费支付方式的游戏充值。

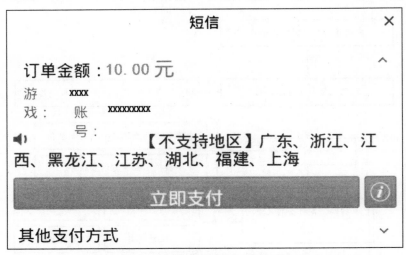

◆ 图 3-20　利用手机话费支付方式的游戏充值

❷ 银联快捷支付

银联快捷支付，又称为"无绑定手机支付"，是一种利用带有银联标识的借记卡进行支付的方式，同时也是一种无须用户在银行开通手机支付的支付方式，如图 3-21 所示。

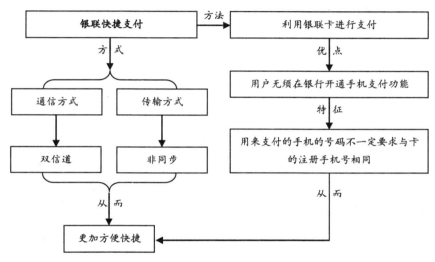

◆ 图 3-21　银联快捷支付方式分析

❸ 指定绑定银行支付

指定绑定银行支付是一种与无绑定银行支付不同的支付方式，二者的不同点就在于支付时使用的手机的号码是否必须是卡注册时的手机号码。在这一支付方式中，费用从个人用户开通的电话银行账户或信用卡账户中扣除，如图 3-22 所示。

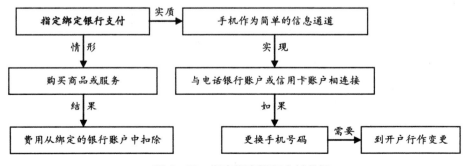

◆ 图 3-22　指定绑定银行支付分析

目前这种支付方式在生活中也比较常见，如应用指定绑定的账号、通过手机短信为手机充值，以及其他生活缴费服务，这些都属于指定绑定银行支付方式，如图 3-23 所示。

◆ 图 3-23　指定绑定银行支付的生活缴费

3.2.2　SIM 与 RFID 融合，中国移动的支付方案

中国移动（China Mobile Communications Corporation，CMCC），全称为"中国移动通信集团公司"，是一家全民所有制的移动通信运营商，它着力于改善人们的通信生活，如图 3-24 所示。

◆ 图 3-24　中国移动

从移动支付角度而言，中国移动使用的是非接触式移动支付技术方案中的

NFC 技术和 RF-SIM 技术。其中，RF-SIM 技术在向手机领域渗透的过程中形成了新的产品——RF-SIM 卡，如图 3-25 所示。

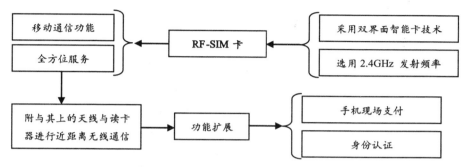

◆ 图 3-25　RF-SIM 卡的技术与功能分析

可以认为 RF-SIM 卡是标准 SIM 卡与 RFID 卡的结合体，实现了二者功能的融合，如图 3-26 所示。

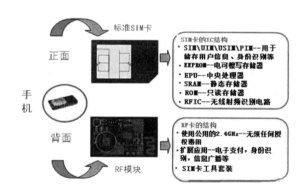

◆ 图 3-26　RF-SIM 卡的结构组成

关于移动支付，中国移动的 RF-SIM 方案主要是通过其非接触工作接口来实现，具体如图 3-27 所示。

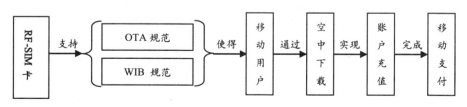

◆ 图 3-27　RF-SIM 方案的移动支付的实现分析

3.2.3 SIMpass 天线构件，中国电信的支付方案

中国电信是我国一家特大型的国有独资企业，也是一家大力推广信息化应用、促进信息化建设的通信运营商。在移动互联网时代，中国电信大力聚焦客户的信息化创新与服务，致力于为百姓提供方便的信息新生活，如图 3-28 所示。

◆ 图 3-28　中国电信

在移动支付的技术应用方面，中国电信使用的是 SIMpass 方案。该方案虽然同 RF-SIM 方案一样，是由双界面的不同模块构成的，其采用的是同一安全处理硬件，但是在降低成本的同时实现了不同功能的融合与拓展，如图 3-29 所示。

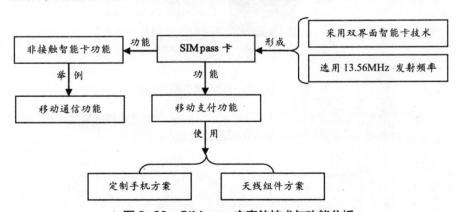

◆ 图 3-29　SIMpass 方案的技术与功能分析

由图 3-29 可知，通过 SIMpass 卡可以使用两种方法——定制手机方案和天线组件方案——进行移动支付，具体内容如下。

❶ 定制手机方案

所谓"定制"，是指使用 SIMpass 移动支付时，必须要有专门定制的手机所具备的天线构件和连接通路，具体内容如图 3-30 所示。

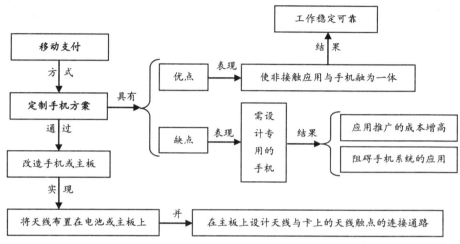

◆ 图 3-30 定制手机方案的移动支付方式分析

❷ 天线组件方案

与定制手机方案相比，天线组件方案最明显的特点就是不需要设计专门的手机，使得其应用推广的成本大幅降低。当需要实现移动支付时，只需将卡与天线连接就能提供射频信号来支持移动支付，如图 3-31 所示。

◆ 图 3-31 SIMpass 卡与其连接触点

上述方案中天线组件的成本相较于专门定制的手机来说要低廉得多，从而有利于移动支付的推广应用，但是也存在着不足之处，如图 3-32 所示。

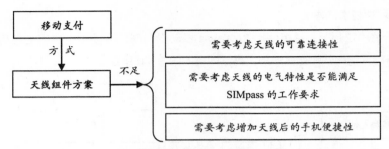

◆ 图 3-32　天线组件方案实施移动支付时的不足之处

总的来说，SIMpass 方案能够很好地支持移动支付功能的实现，其具体表现如图 3-33 所示。

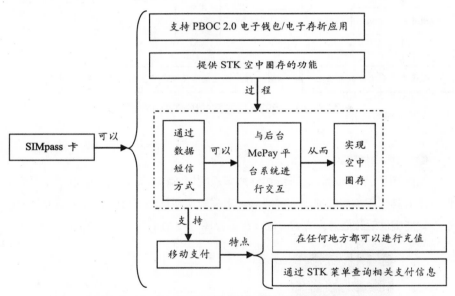

◆ 图 3-33　SIMpass 方案的移动支付功能实现分析

3.2.4　NFC 芯片整合，中国联通的支付方案

中国联通，全称为"中国联合网络通信集团有限公司"，是我国的一家大型电信运营企业。

在移动支付的技术应用方面，中国联通采用的是 NFC 方案。所谓"NFC"，是近距离无线通信技术（Near Field Communication）的英文缩写，是一种非接触式识别技术。通过这一技术，用户可以实现多方面的调控式功能，如图 3-34 所示。

◆ 图 3-34　NFC 技术的应用

移动支付是 NFC 技术应用的一个重要方面，而在移动支付领域，NFC 技术可以说是最早提出短距离手机支付方案的。关于 NFC 技术的开发与移动支付的实现，其具体内容如图 3-35 所示。

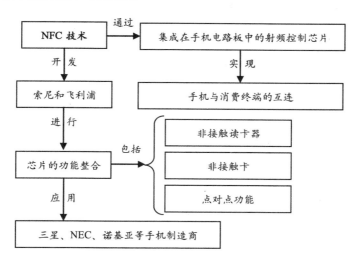

◆ 图 3-35　移动支付与 NFC 技术的开发

虽然 NFC 与 RFID 的信息传递都是通过电磁感应耦合方式进行的，但这两种技术并非完全相同，它们之间存在着明显的差异，如图 3-36 所示。

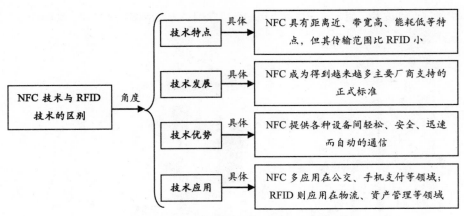

◆ 图 3-36　NFC 技术与 RFID 技术的区别分析

3.3 关注移动支付

在移动物联网时代，移动支付作为其发展过程中的重要一环，一直备受各界关注，从而也带动了移动支付自身系统的发展和相关企业的发展。本节将概括地介绍移动支付及其企业在国内、国外的发展情况，为读者展现移动支付的应用与发展盛况。

3.3.1　国外移动支付的"早"与"全"

在移动支付领域，欧美等发达国家和韩国的移动支付业务推出相对较早且功能齐全，如图 3-37 所示。

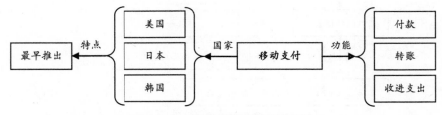

◆ 图 3-37　国外移动支付的发展简况

关于国外移动支付的发展情况，下面以欧盟国家、美国和韩国为例，进行相关方面的具体介绍。

❶ 欧盟国家

从移动支付概念出现到 2007 年，欧盟国家对移动支付的关注逐渐加强，并最终予以高度重视，获得了推广应用，如图 3-38 所示。

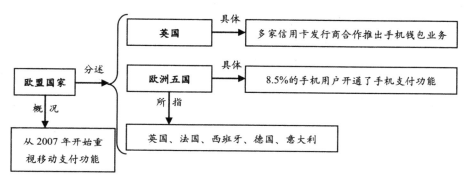

◆ 图 3-38 欧盟国家的移动支付业务的发展情况

❷ 韩国

韩国作为最早推出移动支付的国家之一，其移动支付业务取得了巨大发展，同时也促进了相关产业的发展，如图 3-39 所示。

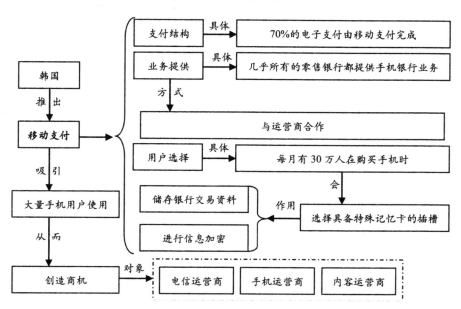

◆ 图 3-39 韩国的移动支付发展情况

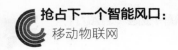

❸ 美国

随着智能手机和平板电脑等移动终端应用的普及，各国的移动支付业务获得了极大发展，美国也不例外，如图 3-40 所示。

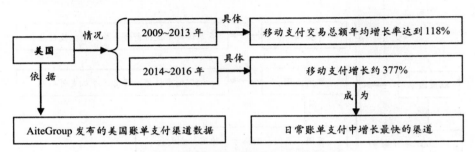

◆ 图 3-40　美国移动支付的发展情况

3.3.2　大力推进的国外移动支付企业

目前，就移动支付的国外企业的发展状况而言，有两大领域值得关注，一是第三方支付机构；二是应用群体，如图 3-41 所示。

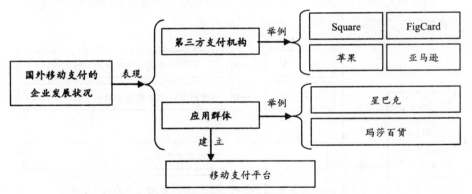

◆ 图 3-41　国外移动支付的企业发展状况简介

在上述两个领域内，移动支付的发展不可小觑，特别是与应用群体相关的企业，它们在移动支付的时代浪潮下陆续建立了支持企业业务的移动支付平台。下面以玛莎百货为例，具体了解国外移动支付的发展详情。

玛莎百货，英文全称为 Marks&Spencer，M&S，是英国的一家跨国商业零售集团。就盈利能力和出口货品数量而言，玛莎百货在英国零售商中首屈一指。图 3-42 所示为玛莎百货公司门店。

◆ 图 3-42　玛莎百货公司门店

　　玛莎百货之所以有目前的发展成就，是与其的"关系经营"理念分不开的，"关系经营"已经成为玛莎百货的一项重要的系统工程，如图 3-43 所示。

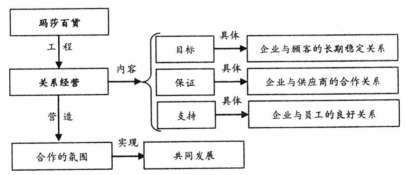

◆ 图 3-43　玛莎百货的"关系经营"分析

　　在"关系经营"理念的支撑下，玛莎百货注重紧跟时代的发展步伐，2013 年发布的自身研发的移动支付应用就是其中一项，如图 3-44 所示。

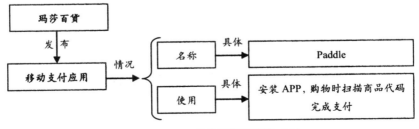

◆ 图 3-44　玛莎百货的移动支付

3.3.3 迅速发展的国内移动支付

自 1999 年推出了移动支付概念以来，我国的移动支付作为一类新兴产业获得了快速发展，具体情形如图 3-45 所示。

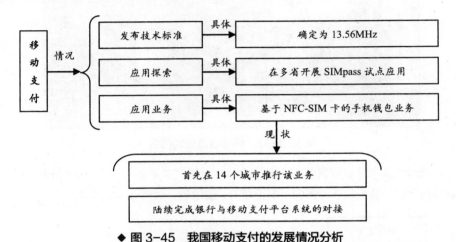

◆ 图 3-45 我国移动支付的发展情况分析

3.3.4 创新应用的国内移动支付企业

随着我国经济和科技的飞速发展，截至 2015 年年底，我国的手机用户突破了 13 亿，随着而来的必然是移动支付的发展。

在我国的移动支付领域，微信支付是一种非常便捷和发展迅速的支付方式，如图 3-46 所示。

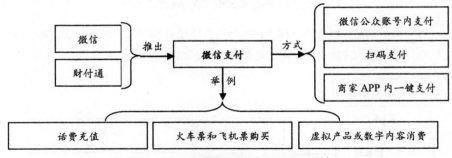

◆ 图 3-46 我国微信支付的发展情况分析

上述所介绍的微信支付是一种兼及近场与远程支付的支付方式，这一支付方式获得了一定程度上的发展。然而仅就近场支付而言，中国移动推出的 NFC 业务发展更为迅速。

关于中国移动推出的 NFC 业务，具体内容如图 3-47 所示。

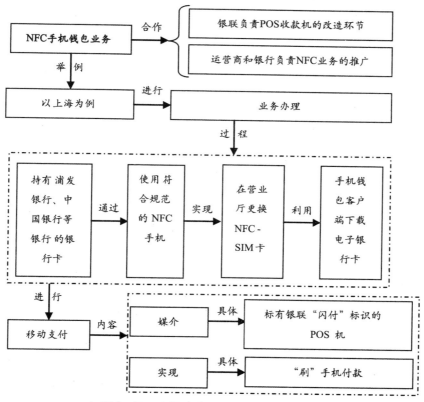

◆ 图 3-47　中国移动 NFC 手机钱包业务分析

目前，由近场支付和远程支付组成的移动支付领域中，手机近场支付的发展速度和规模还比不上远程支付，但发展以手机近场支付为主体的线下支付已经成为运营商和金融系统的共识。

主体形成，发展移动支付

随着移动支付的快速发展，逐渐形成以三类业务主体为主导的市场商业模式，如图 3-48 所示。

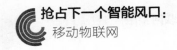

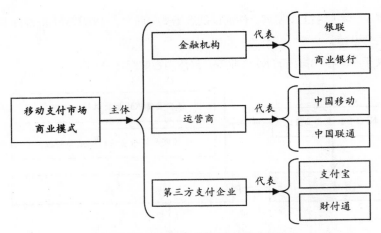

◆ 图3-48　中国移动支付市场商业模式

3.4.1　金融机构业务的移动性

所谓"金融机构"，即从事和金融行业相关的业务的中介机构。金融机构推出移动支付业务，是由其服务性质和功能决定的，如图3-49所示。

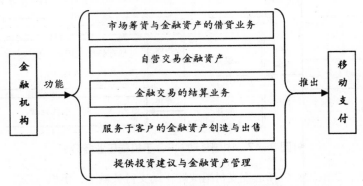

◆ 图3-49　金融机构的功能与其移动支付的出现

由图3-49可知，金融机构的各项功能决定了其在移动互联网时代有必要推出移动支付业务。

在移动支付领域内，金融机构的业务已经经历了长足发展的过程，形成了固定的业内经营与服务模式，具体内容如下：

▶ 金融主体——各商业银行和银联——推出手机银行类业务；

▶ 业务支付——手机银行产生的数据流量费用由运营商收取；

▶ 账户业务——提供支付的账户的各项业务费用由银行收取。

其中，中国银联对中国移动支付的发展产生了非常重大的影响，在最初的推出过程中，中国银联就参与到了其中，如图 3-50 所示。

◆ 图 3-50　移动支付推出之初的银联合作项目

通过与中国银联的合作的一步步深入，移动支付业务取得了快速发展，如图 3-51 所示。

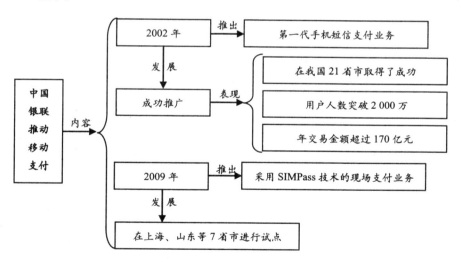

◆ 图 3-51　移动支付业务的发展与中国银联

3.4.2　电信运营商业务的金融性

电信运营商，简单说来，即通信服务公司。图 3-52 所示为我国的三大电信运营商。

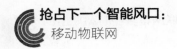

◆ 图 3-52　我国的三大电信运营商

　　移动支付，顾名思义，必须有电信运营商这类提供移动通信服务的企业参与才能实现，下面将分别介绍我国三大电信运营商的移动支付业务的情况。

❶ 中国移动

关于移动支付业务，中国移动通信的具体情形如图 3-53 所示。

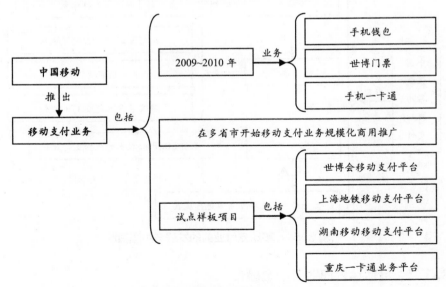

◆ 图 3-53　中国移动的移动支付业务分析

❷ 中国电信

对于移动支付业务而言，中国电信也紧跟时代步伐，推出了相关服务，具体内容如图 3-54 所示。

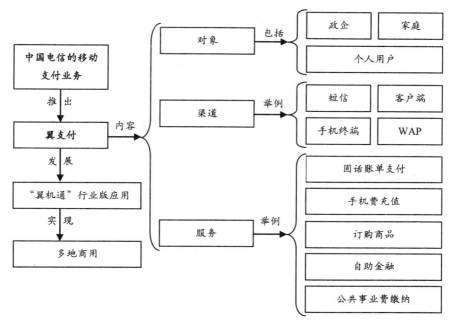

◆ **图 3-54 中国电信的移动支付业务分析**

❸ 中国联通

除了上述介绍的中国移动和中国电信外，同样作为我国三大电信运营商之一的中国联通在移动支付业务领域也实现了推广应用，如图 3-55 所示。

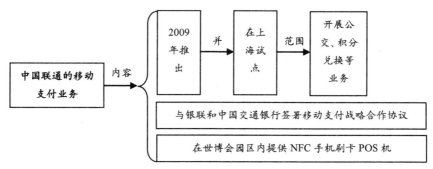

◆ **图 3-55 中国联通的移动支付业务分析**

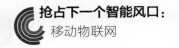

3.4.3　第三方支付企业的多样性

无论是金融机构的移动支付业务，还是电信运营商的移动支付业务，它们都是在原有功能的基础之上的延伸。而第三方支付企业这一支付主体则与它们不同，它的出现是电子商务发展的结果。

所谓"第三方支付企业"，即借助终端来进行即时支付的平台应用。关于其移动支付业务的具体内容，如图 3-56 所示。

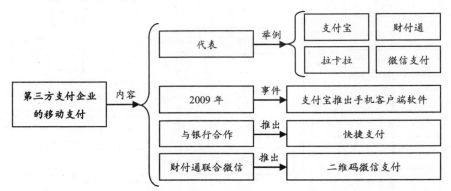

◆ 图 3-56　第三方支付企业的移动支付业务分析

3.5　未来趋势，展望移动支付

随着移动终端应用和电子商务的发展，移动支付的未来发展将在多个方面表现出它强劲的发展力，如图 3-57 所示。

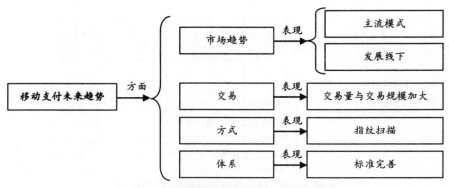

◆ 图 3-57　移动支付的未来发展趋势概况

3.5.1 未来的移动支付市场趋势

现今，随着移动终端应用的普及，越来越多的人趋向于利用手机上网和购物，移动支付在市场上的应用因而也随之增加和多样化。换而言之，移动支付的市场趋势主要表现在两个方面，一是移动支付，尤其是手机支付将有可能成为未来市场支付的主流模式；二是移动支付将不再只是线上支付和为线上服务，它将在线下实现它的更多应用。

❶ 手机支付将成为主流模式

手机如今已经成为极为普及的便携用品，处处都可见手机用户在使用手机实现生活中的各种需求。这为手机支付成为主流提供了设备条件。

另外，从技术及发展现状而言，手机支付成为主流模式也已初现端倪，如图 3-58 所示。

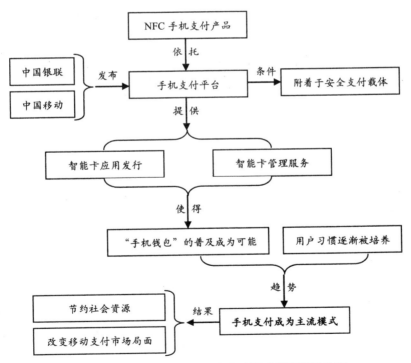

◆ **图 3-58 手机支付的未来主流模式发展趋势分析**

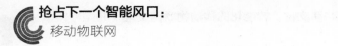
❷ 线下模式的移动支付

在这里，"线下"包括两个方面的内容，一是线上支付的线下引流；二是线下的即时移动支付，具体内容如图 3-59 所示。

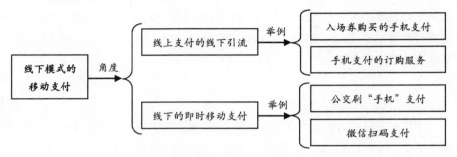

◆ 图 3-59　线下模式的移动支付分析

在日常生活中，上图中所介绍的两种线下模式的移动支付现象已经屡见不鲜，随着移动互联网和移动终端的普及，未来应用还将有进一步扩大的可能。

3.5.2　未来的移动支付交易

在移动支付的发展中，必然经历一个由小到大、由少到多的过程，其交易量和交易规模的发展尤其如此，具体内容如图 3-60 所示。

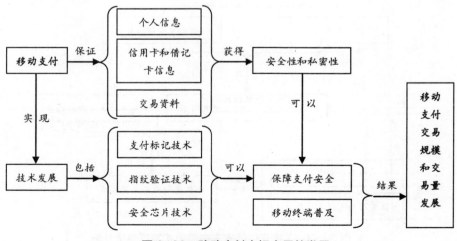

◆ 图 3-60　移动支付市场交易的发展

3.5.3 未来的移动支付方式

目前，随着移动支付业务主体的发展，移动支付方式也在发生改变，特别是移动客户端各种应用的出现，更是为移动支付方式的多样化发展提供了契机，指纹扫描技术就是其中一类，如图 3-61 所示。

◆ 图 3-61　智能手机的指纹扫描技术的应用

在移动终端设备领域，触摸屏的出现是指纹识别技术发展的前提，它为应用于移动支付的指纹扫描技术提供了技术基础。而随着社会经济与科技的发展，未来的移动支付采用指纹扫描的方式或将成为其重要的发展方向，如图 3-62 所示。

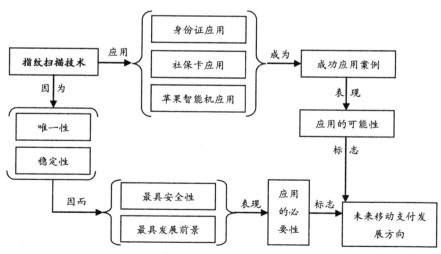

◆ 图 3-62　指纹扫描技术的未来移动支付应用分析

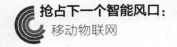
3.5.4　未来的移动支付体系

移动支付的未来发展，不仅仅表现在市场领域与应用领域等方面的发展，更重要的是体现在自身的体系发展上，特别是其支付标准的制定将成为移动支付发展史上的里程碑，如图3-63所示。

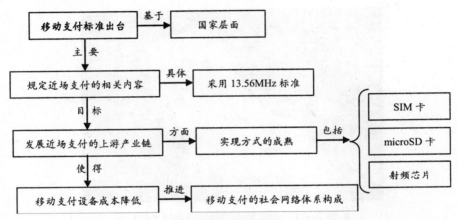

◆ 图3-63　移动支付的未来体系发展分析

在未来移动支付构成的支付网络体系中，移动终端特别是智能手机将实现与金融等领域的紧密联合，为金融的智能化发展提供支付载体和安全锁钥，如图3-64所示。

◆ 图3-64　未来的移动支付体系与智能化设备

4
CHAPTER

云计算，服务型的移动
物联网技术

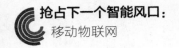
4.1 概览云计算体系

在移动物联网领域，云计算如大脑中枢，为移动物联网提供的数据进行运算和处理，并利用所得的结果为移动物联网服务，如图 4-1 所示。

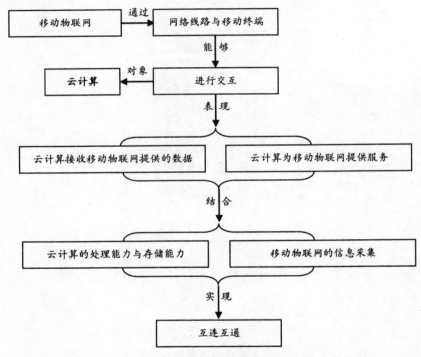

◆ 图 4-1　云计算与移动物联网的关系分析

由上图可知，云计算在促进移动物联网的发展和体系构建中发挥着重要作用，因此想要透彻了解移动物联网，就应该首先对云计算技术有一定程度的了解，只有这样，才能在接下来的移动物联网应用和发展过程中占据优势。本节将重点介绍有关云计算的基础知识，从而了解云计算的概况。

4.1.1　内涵——网络版的计算模型

所谓"云计算（Cloud Computing）"，是一种基于网络的计算方式，其具体内容如图 4-2 所示。

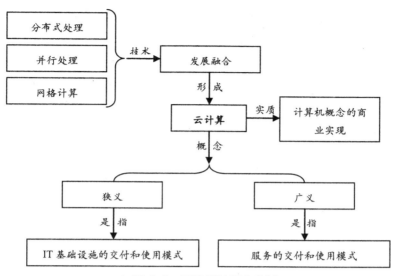

◆ 图 4-2　云计算的概念分析

　　在云计算概念中，它主要由两部分组成——"云"与"计算"，即资源的提供和服务的提供。

　　云计算的"云"，简单地说，即网络资源，也就是一些能够用来自我维护和方便管理的资源，如图 4-3 所示。

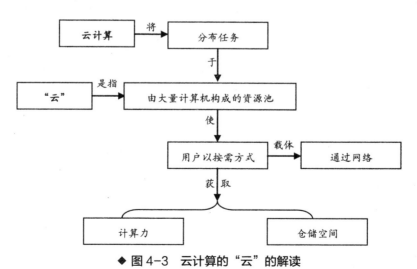

◆ 图 4-3　云计算的"云"的解读

　　云计算的"计算"，即用户所需要的和云计算提供的服务是数据处理与计算

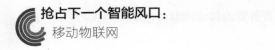

的结果，具体内容如图 4-4 所示。

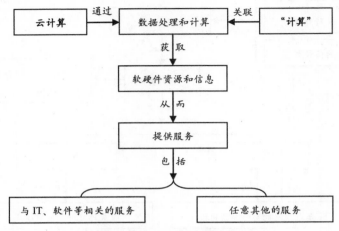

◆ 图4-4 云计算的服务提供分析

云计算中的"计算"与一般的计算有不同，具体表现如图 4-5 所示。

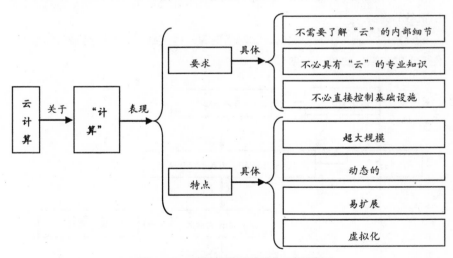

◆ 图4-5 云计算的"计算"区别分析

综上所述，云计算是一种商业实现的计算模式，它通过网络获取资源，经过处理与计算，为用户提供所需的资源和服务。在云计算过程中，无论是计算资源的集中，还是其数据、资源和信息的管理，都是自动的，都由专门的软件来进行。

4.1.2 原理——分布式计算的实现

云计算，在人们看来，是一个非常抽象的概念，人们唯一觉察到的是在云计算运作下，许多场景简单化了，人们所追求和应用的是云计算处理和提供的结果，所面对的也是最终的服务，而不是复杂的硬件和软件及其具体运行，如图 4-6 所示。

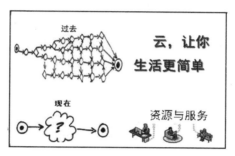

◆ 图 4-6 云计算应用后的变化

关于云计算的工作原理，简单地说，就是分布式计算的处理与客户端的服务提供，如图 4-7 所示。

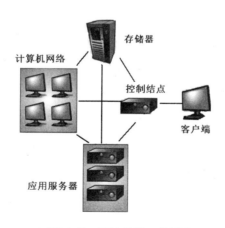

◆ 图 4-7 云计算的工作原理

图 4-7 中的组件和相互关系构成了云计算的整个体系，它们之间的运行就是云计算所提供的资源和服务的产生过程，具体内容如图 4-8 所示。

从云计算的工作原理角度分析，云计算明显是一种按照使用量收费的商业计算模式，且在其运行中有其特有的方式，如图 4-9 所示。

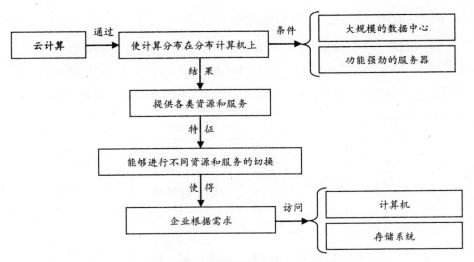

◆ 图 4-8　云计算的原理图解分析

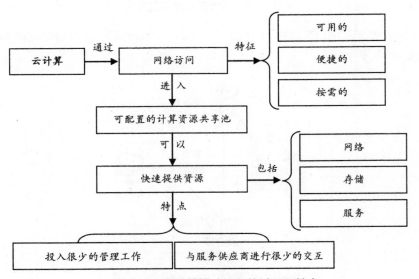

◆ 图 4-9　云计算模式运行的过程和特点

4.1.3　服务——多样化的表现形式

　　在云计算领域中，用户所获取的服务内容是基于网络的，具有与其他的服务不同的特征，具体表现如图 4-10 所示。

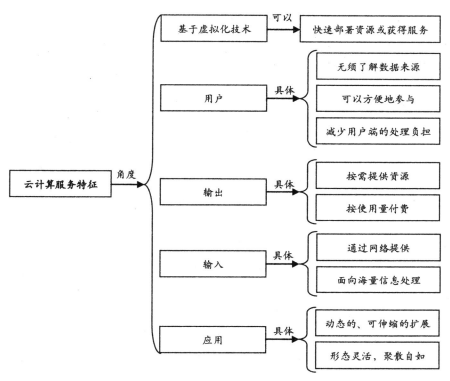

◆ 图4-10 云计算服务的特征分析

另外，云计算是适应互联网海量数据存储和处理需求而产生的，并随着数据量的飞速增长，特别是在物联网时代，云计算与物联网和移动物联网形成了非常紧密的联系，如图4-11所示。

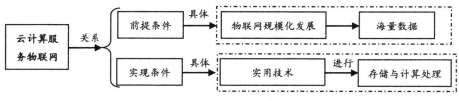

◆ 图4-11 云计算服务与物联网的关系

而在时代迅速发展的环境下，云计算服务的形式也呈现了多样化的特征，主要包括三类表现形式，具体内容如下。

❶ 基础设施即服务模式

基础设施即服务(Infrastructure as a Service, IaaS),顾名思义,即为客户提供的服务是由服务器组成的"云端"基础设施。图4-12所示为基础设施即服务的具体分析。

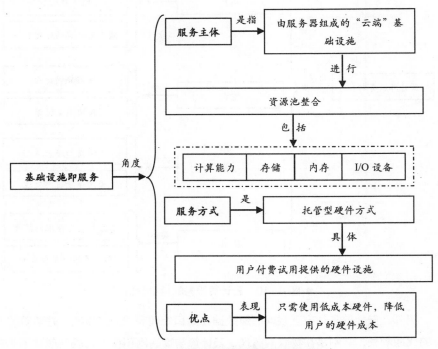

◆ 图4-12 基础设施即服务的具体分析

❷ 软件即服务模式

软件即服务(Software as a Service, SaaS),是指通过服务器提供软件的服务方式,如图4-13所示。

◆ 图4-13 软件即服务的服务方式分析

软件即服务的方式同基础设施即服务一样，具有降低成本的优点，只是其在降低成本的领域有所不同，基础设施即服务降低的只是硬件成本，而软件即服务能降低硬件和软件的维护成本，具体内容如图 4-14 所示。

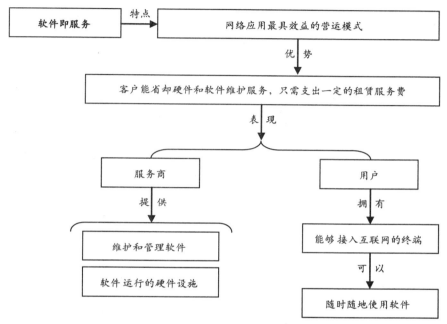

◆ 图 4-14　软件即服务方式的优势

更重要的是，对于小型企业来说，软件即服务是其采用先进技术从而获得发展的最佳模式。下面以企业管理软件为例，具体介绍软件即服务的模式选择，如图 4-15 所示。

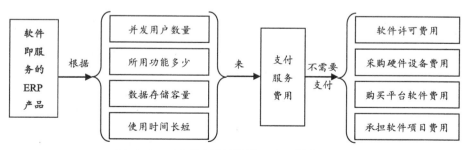

◆ 图 4-15　管理软件的软件即服务模式选择分析

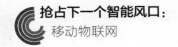
❸ 平台即服务模式

平台即服务（Platform as a Service，PaaS），即服务提供商提供可供开发的环境（平台）为客户服务，这是一种与基础设施即服务和软件即服务这两种模式截然不同的模式，主要表现在其应用程序时用户自行开发，如图 4-16 所示。

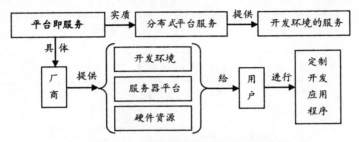

◆ 图 4-16　平台即服务模式的含义分析

对于利用平台即服务的用户而言，他们能够通过这一服务方式获取诸多服务内容，具体如图 4-17 所示。

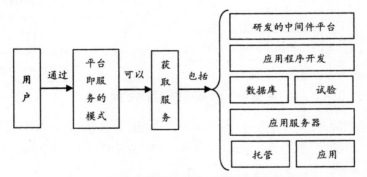

◆ 图 4-17　平台即服务模式的服务提供分析

总的来说，云计算服务为用户提供任意时间内的在任意位置上使用各种终端获取的服务，这些服务形成了云计算的服务产品，具体内容如下所示。

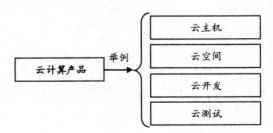

4.1.4 核心技术构成

云计算作为一种基于互联网的计算方式，是一种技术的综合应用构成方式，必然要运用众多相关的技术，如图 4-18 所示。

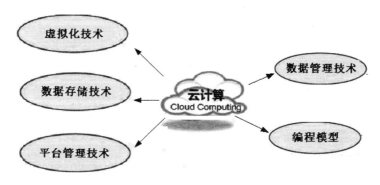

◆ **图 4-18 云计算的技术体系**

图 4-18 中的五种技术构成了云计算的核心技术体系，在云计算运行中发挥着非常重要的作用。下面将就这些技术的具体内容和作用作详细讲述。

❶ 虚拟化技术

作为一种资源管理技术，虚拟化技术指的是将实体资源以抽象的形式展现出来并得以应用的技术。图 4-19 所示为虚拟化技术的作用和类别。

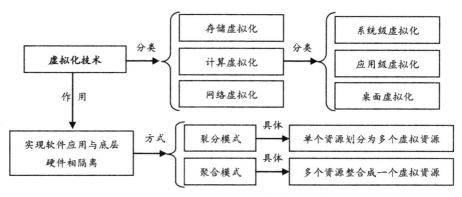

◆ **图 4-19 虚拟化技术的作用和类别**

❷ 数据存储技术

所谓"数据存储技术"，即数据以特定的格式在计算机内部或外部存储介质上被记录下来过程中所运用的技术。在云计算运行体系中，采用的是分布式存储的数据存储技术，这是由云计算的服务应用决定的，如图4-20所示。

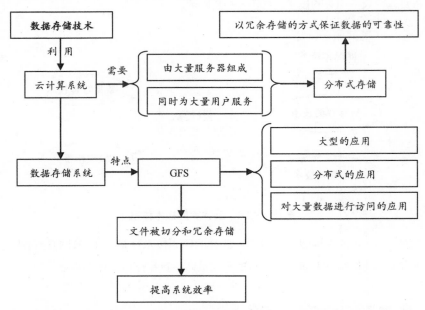

◆ 图4-20　云计算的数据存储技术运用分析

❸ 平台管理技术

在这里，平台管理技术是针对云计算而言的，是对云计算的运行、存储和服务平台进行有效管理的技术。在云计算系统中，这一技术的完善与高效应用是平台管理过程中的巨大挑战。关于云计算平台管理技术有效管理和应用实现的必要性，具体内容如图4-21所示。

◆ 图4-21　云计算平台管理技术的必要性分析

在如此环境下运用的平台管理技术，能够从多方面实现技术的应用价值，如图 4-22 所示。

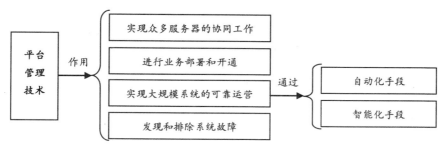

◆ 图 4-22　云计算平台管理技术的作用分析

❹ 数据管理技术

云计算是一个大型的有关于资源和服务提供的计算系统，这决定了其在系统运行过程中有着非常高效的数据管理。关于云计算范畴内数据管理技术的运用，具体内容如图 4-23 所示。

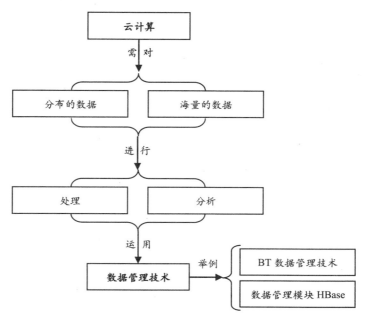

◆ 图 4-23　数据管理技术运用分析

⑤ 编程模型

在云计算体系中，可以说，编程模型的应用是其得以构建和完善的前提条件。在云计算体系的构建中选用得当且严格的编程模型，将极大地规范和简化云计算的工作环境。下面以 MapReduce 为例，具体介绍云计算的编程模型，图 4-24 所示为 MapReduce 编程模型概况。

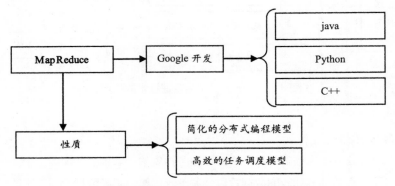

◆ 图 4-24　MapReduce 编程模型概况

在了解了 MapReduce 编程模型的基本情况的基础上，接下来将重点分析其编程模型的思想内涵，如图 4-25 所示。

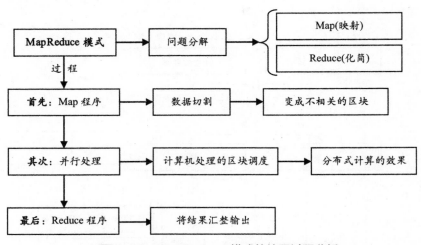

◆ 图 4-25　MapReduce 模式的编程过程分析

4.1.5　关系——云计算和移动物联网

在当今社会 IT 界，云计算与物联网是属于其范畴内的两个含义不同但又紧密相关的概念，它们在社会体系中构成了一个巨大的相关网络。图 4-26 所示为生活领域中云计算与物联网的关系。

◆ 图 4-26　生活领域中云计算与互联网的关系

在前面的 4.1.3 节中已经对云计算服务物联网的关系进行了简单的描述，接下来将重点阐述云计算与移动物联网的关系。

移动物联网是一个包含移动互联网在内又明显大于移动互联网的概念范围，可以说，移动互联网的存在是移动物联网体系的及其重要和关键的部分。如此情形下的移动物联网所产生的数据量可想而知，云计算也因此有必要在移动物联网领域内发挥它应有的作用，如图 4-27 所示。

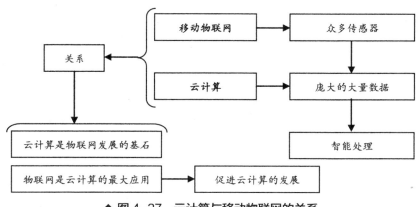

◆ 图 4-27　云计算与移动物联网的关系

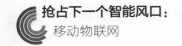

其中，云计算对移动物联网的作用更是值得关注，可以说，云计算是物联网和移动物联网发展规模化后的重要的应用支撑，如图 4-28 所示。

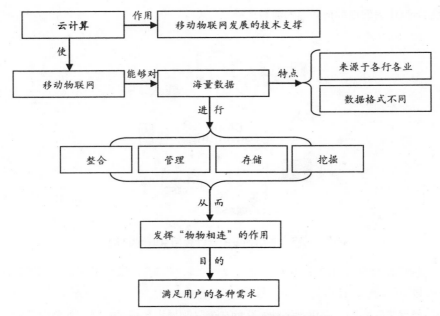

◆ 图 4-28　云计算的应用支撑作用分析

而从移动物联网的构成来说，云计算是其组成部分的重要应用，只有通过云计算，才能最终实现移动物联网"物物相连"的目标，如图 4-29 所示。

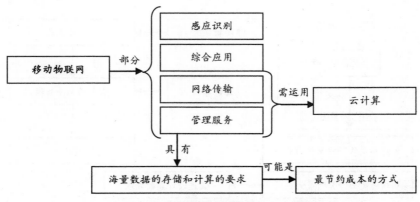

◆ 图 4-29　移动物联网构成的云计算需求

4.2 结合应用，云计算与移动物联网

由上述内容可知，云计算与移动物联网关系密切，已经形成不可分割的应用和利益整体，而它们在各方面的结合充分体现了现在和未来的可能发展趋势，如图 4-30 所示。

◆ 图 4-30　云计算与移动物联网的结合分析

在如此发展趋势下，云计算与移动物联网相互融合，促进了时代环境下服务与应用新模式的发展。下面为读者介绍有关于云计算与移动物联网结合的应用场景，主要内容如图 4-31 所示。

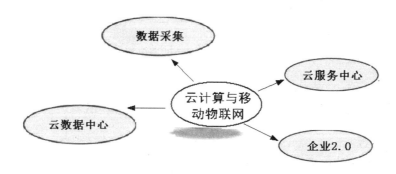

◆ 图 4-31　云计算与移动互联网结合的应用

4.2.1　数据采集

数据采集，英文全称为 Data Acquisition，DAQ，由其字面分解来看，就是有关于数据的采集的过程。基于现今的时代环境，数据采集是适应时代发展趋势的必然环节，它是云计算与移动物联网结合下各行各业的不同格式数据的一个集合过程，如图 4-32 所示。

在数据采集的范畴内，可以说数据采集实现了云计算与移动物联网的结合，是连接移动物联网与云计算的中间环节，如图 4-33 所示。

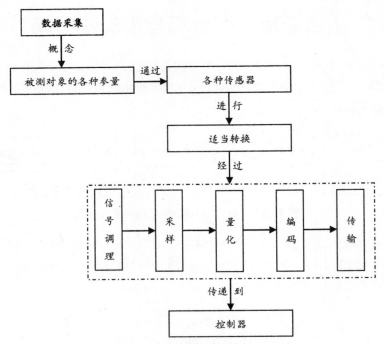

◆ 图 4-32 数据采集的概念解读

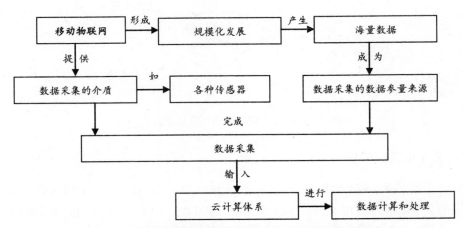

◆ 图 4-33 数据采集范畴内的云计算与移动物联网结合分析

关于数据采集的基本过程，主要由两部分组成，即数据采集的准备过程和正式采集过程，如图 4-34 所示。

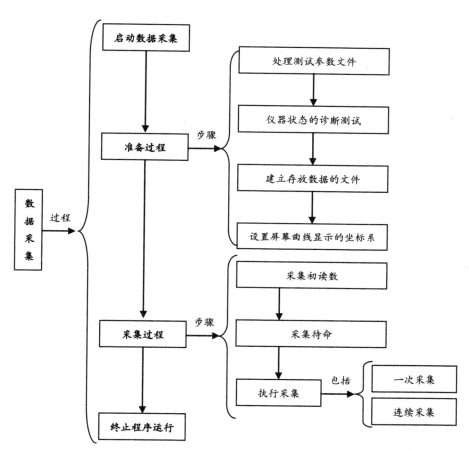

◆ 图4-34　数据采集的过程

4.2.2　云数据中心

　　相较于数据采集而言，云数据中心更是云计算与移动物联网结合的充分体现。在物联网和移动物联网与云计算结合的推动下，传统数据中心经历一系列的发展转变逐渐形成云数据中心，具体发展阶段如下。

- ▶ 托管型；
- ▶ 服务管理型；
- ▶ 托管管理型；
- ▶ 云计算管理型。

　　经历上述4个阶段的发展，云数据中心最终进阶形成。在这一过程中，完全

体现了云计算与移动物联网的结合，如图 4-35 所示。

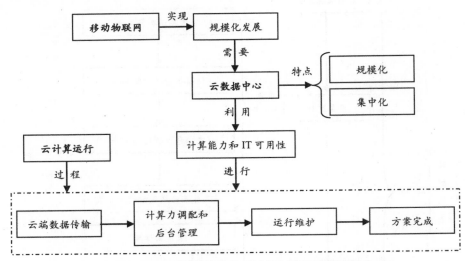

◆ 图 4-35　云数据中心的云计算与移动物联网结合

4.2.3　云服务中心

云服务中心是针对云计算提供的、遍及各领域的服务而言的，如图 4-36 所示。

◆ 图 4-36　云服务中心

从前面得知，云计算所提供的服务从其表现形式来看，主要包括软件、平台和基础设施，云服务中心就是基于此三个方面的服务的提供，促进移动物联网的发展，最终反过来又推进云计算能力的提高，如图 4-37 所示。

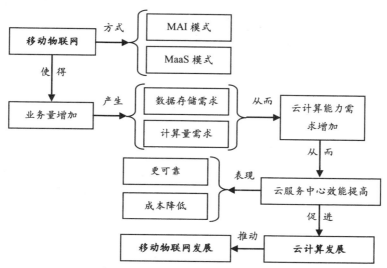

◆ 图4-37　云服务中心的云计算与移动物联网结合

4.2.4　企业2.0

企业2.0作为一种具有鲜明特征的企业形态，经历了一个概念产生到发展的过程，如图4-38所示。

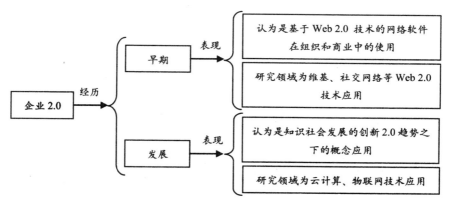

◆ 图4-38　企业2.0概念发展分析

无论是数据采集，还是云数据中心或云服务中心，都是基于数据领域的云计算与移动物联网的结合应用，而在企业2.0概念里，其脱离数据这一概念范畴，成为直指社会的泛化应用。

因此，在企业 2.0 概念里，云计算与移动物联网都是支撑创新 2.0 时代的企业 2.0 领域内的技术应用，可以说，企业 2.0 里的云计算与移动物联网的结合包含了上述三个方面的具体应用与服务过程。

关于企业 2.0，其概念解读如图 4-39 所示。

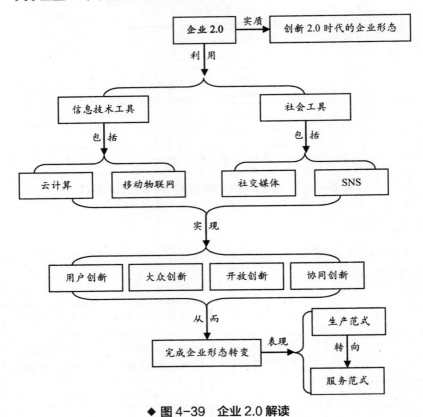

◆ 图 4-39　企业 2.0 解读

在企业 2.0 概念中，其核心就在于企业的业务形态，一方面，促进业务效益提高的创新形态，把产品和服务创新与企业利润、业务成本等紧密联系起来；另一方面，打造企业核心竞争力方面的业务形态，把客户、管理和员工等提升到发展新高度。

其中，注重"分享"的业务管理形态是云计算与移动物联网结合的重要表现，使得企业成员实现更便捷地沟通，形成一个稳定的企业 2.0 社区，如图 4-40 所示。

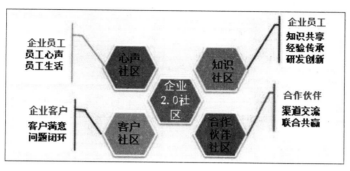

◆ 图 4-40　企业 2.0 社区构成

其实，企业 2.0 就是一种适应创新 2.0 时代发展的企业形态的策略，因此，通过其平台的实施，在多个方面体现了它的应用价值，如图 4-41 所示。

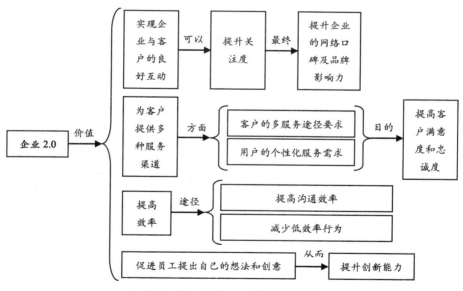

◆ 图 4-41　企业 2.0 的应用价值分析

4.3　电子政务，推进云计算发展

云计算作为一种新兴产业，自出现以来就备受关注，其中一个重要的表现就是市政建设领域的云计算技术应用，如图 4-42 所示。

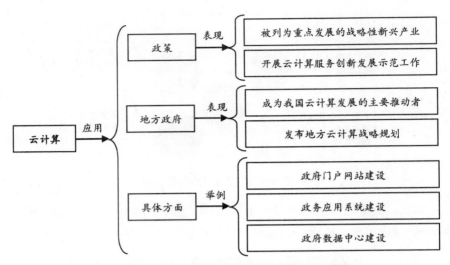

◆ 图 4-42　云计算在电子政务领域的应用分析

　　由图可知云计算应用的基本现状和重要意义，下面就以北京、上海和深圳等为例，具体介绍云计算在市政建设方面的应用。

4.3.1　【案例】北京市"祥云工程"的市政建设

　　在市政建设的云计算应用方面，北京市率先实施名为"祥云工程"的云计算市政建设应用项目，如图 4-43 所示。

◆ 图 4-43　北京市"祥云工程"

　　北京"祥云工程"的目标与具体计划如图 4-44 所示。

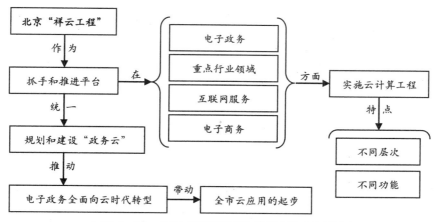

◆ 图4-44　北京"祥云工程"的计划和目标分析

在北京市"祥云工程"的建设中，其基础性保障项目"北京祥云工程中金云后台"正式落成，在北京市云计算建设方面有着非常重大的意义，如图4-45所示。

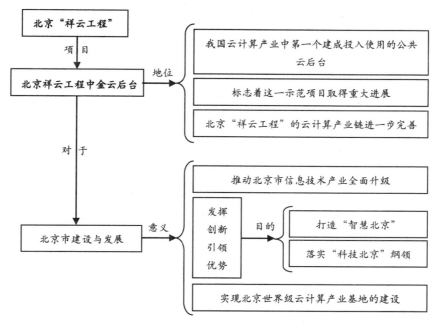

◆ 图4-45　北京祥云工程中金云后台项目的地位与意义分析

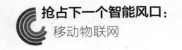

4.3.2 【案例】上海市"云海计划"的市政整合

在市政建设的云计算应用方面，上海市顺应时代发展潮流，启动了"云海计划"，积极推进云计算产业的发展。关于上海市"云海计划"的具体方案，如图4-46所示。

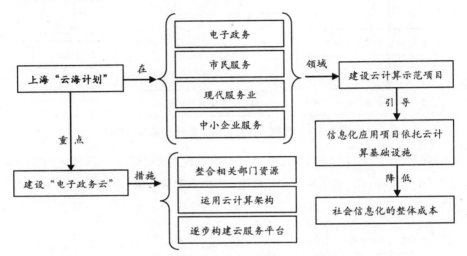

◆ 图4-46　上海"云海计划"方案概况

上海市"云海计划"聚焦云计算产业发展，主要是以其总体思路为出发点来实施的，如图4-47所示。

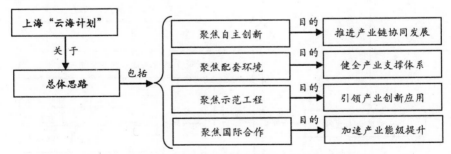

◆ 图4-47　上海"云海计划"的总体思路分析

在总体思路的思想指导下，上海积极推进云计算这一新兴技术和商业模式的发展。有重点地进行规划和发展是上海"云海计划"的重要特征，在此，"有重点"是指上海确立了推进云计算产业发展的重点领域和方向，如图4-48所示。

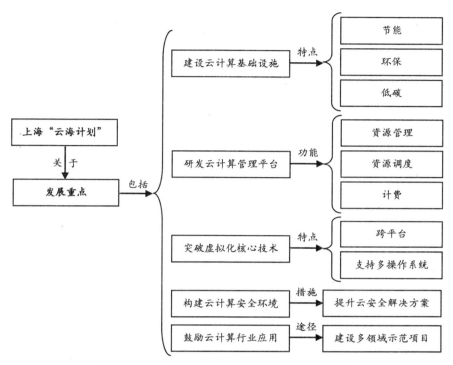

◆ 图4-48 图解上海"云海计划"的发展重点

4.3.3 【案例】深圳市云试点的市政资源共享

深圳市电子政务建设很好地顺应了时代发展的需求，实行云试点项目，有效地提升了其服务水平，如图4-49所示。

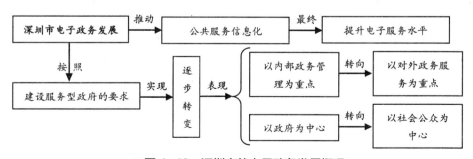

◆ 图4-49 深圳市的电子政务发展概况

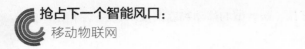

　　从深圳市电子政务云计算应用的具体实施和成就方面来看，主要包括五个方面的内容，如图 4-50 所示。

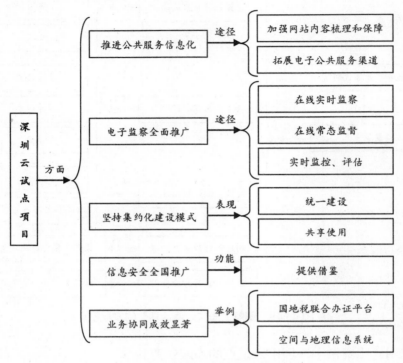

◆ 图 4-50　深圳市云试点项目分析

M2M 技术，拓展性的
移动物联网应用

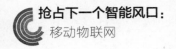

5.1 移动物联网中的 M2M

　　M2M（Machine To Machine）是移动物联网的 4 方面的关键领域之一，是推动移动物联网的技术和设施的基础。为了帮助读者深入地了解 M2M 技术，本节将从以下几个方面介绍 M2M 无线通信技术，如图 5-1 所示。

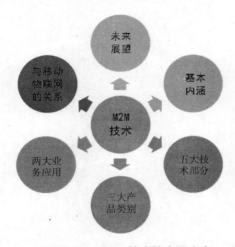

◆ 图 5-1　M2M 技术的主要内容

5.1.1　M2M 的基本内涵

　　M2M，其实就是一种无线通信技术，是一种旨在实现人、机器间的便捷通信而增强机器设备通信和网络能力的技术。

　　从 M2M 的通信节点的组合方式而言，它是由具有必要的通信能力需求的各个方面组合发展而成的，具体内容如图 5-2 所示。

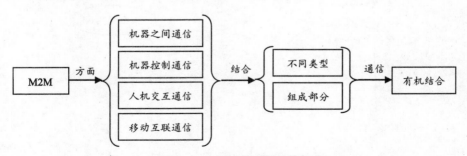

◆ 图 5-2　M2M 技术的结构组成

简而言之，M2M 技术的目的就是实现如图 5-3 所示关系间的通信能力的增强，从而推动移动物联网的发展进程。

在 M2M 技术理念中，"共享"是其核心目的，它通过实现设备之间的实时互连来实现其应用价值，如图 5-4 所示。

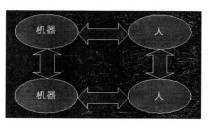

◆ 图 5-3　M2M 技术的通信关系

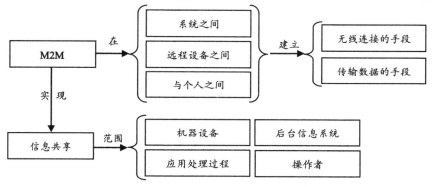

◆ 图 5-4　M2M 技术的目的实现分析

5.1.2　M2M 的技术部分

M2M 作为一种涉及甚广的通信技术，其本身就是由不同的技术部分组成的，在这些技术部分的协同作用下，构成了移动物联网领域的实现互连的无线通信技术网络，如图 5-5 所示。

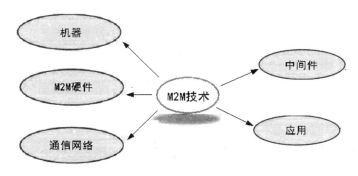

◆ 图 5-5　M2M 技术的五大技术组成部分

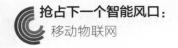
关于 M2M 技术的重要技术组成，具体内容如下。

❶ "会说话"的机器

M2M，即机器对机器，从这就可看出，它最主要的技术部分就是机器，它是组成 M2M 技术的关键的第一步，如图 5-6 所示。

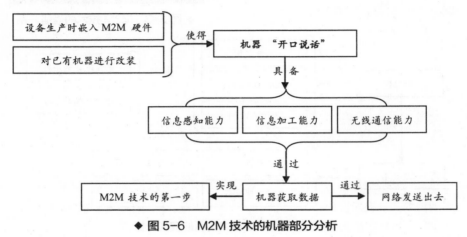

◆ 图 5-6 M2M 技术的机器部分分析

❷ 多类型的 M2M 硬件

如果说机器是实现 M2M 技术的基础组成设备，M2M 硬件就是把机器进行连接使其具备远程通信能力和联网能力的组件。它主要以机器为载体，运用不同类型的 M2M 硬件实现对信息的提取。在这里，"不同类型的 M2M 硬件"主要包括五种，具体如下所示。

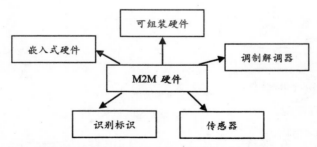

关于 M2M 硬件种类的具体内容，作如下简单介绍。

（1）嵌入式硬件。前面已经提到，在生产设备时进行嵌入式硬件的组装可以使机器具备"说话"能力。因此，嵌入式硬件是 M2M 硬件的重要类型，具体分析如图 5-7 所示。

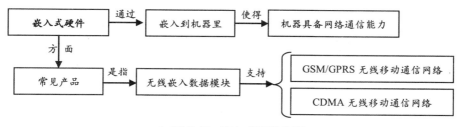

◆ 图 5-7 嵌入式硬件分析

（2）可组装硬件。可组装硬件是使机器具备"说话"能力的另一种方式，它运用把可组装硬件改装置入机器中的方法，利用这一类型的 M2M 硬件，通过一定的组装过程，让原本不具备网络通信能力的机器能够拥有 M2M 技术的能力。

（3）调制解调器。如果说嵌入式硬件和可组装硬件是基于 M2M 技术的另一组成技术——机器设备本身的 M2M 类别，那么，调制解调器则是从其作用来说的，它是把数据传送到通信网络上的相应构件，如图 5-8 所示。

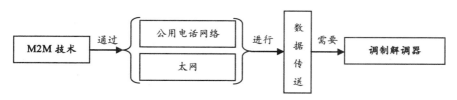

◆ 图 5-8 调制解调器作用分析

在 M2M 技术体系中，嵌入式硬件和可组装硬件都可作为调制解调器存在。

（4）传感器。传感器在现代技术领域内是一个非常普遍且重要的存在，同样也是 M2M 硬件的重要类别，具体内容如图 5-9 所示。

（5）识别标识。所谓"识别标识"，顾名思义，就是用于区别机器等的组成部分，通过识别标识可以实现机器之间或其他商品之间的相互识别。关于其具体技术和应用如图 5-10 所示。

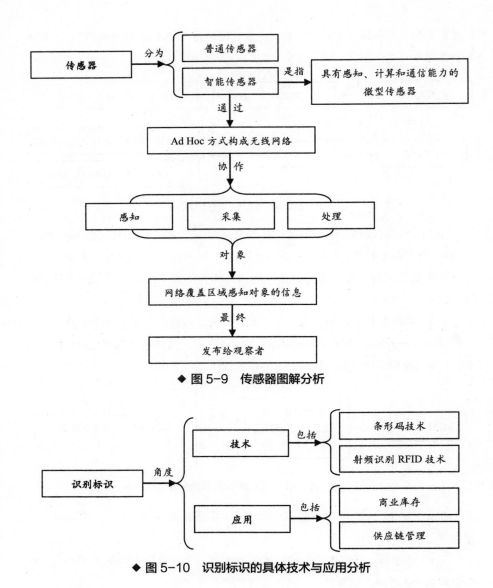

◆ 图 5-9　传感器图解分析

◆ 图 5-10　识别标识的具体技术与应用分析

❸ 处于核心的通信网络

无论是机器还是 M2M 硬件，它们都属于可见的基础设施的范畴，而通信网络则是不可见的将信息进行传送的介质，它在 M2M 技术体系中处于核心地位，如图 5-11 所示。

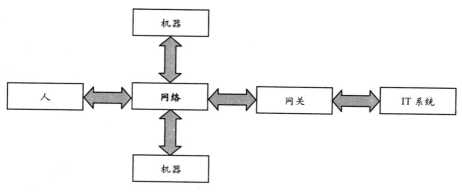

◆ 图 5-11　**处于核心地位的通信网络**

通信网络是一个非常庞大的包含众多内容的网络体系，如图 5-12 所示。

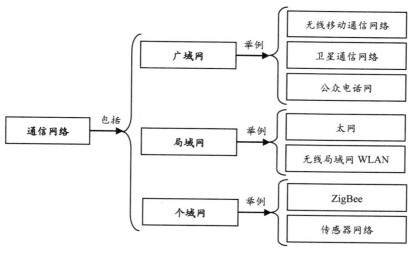

◆ 图 5-12　**通信网络的类别分析**

❹ 组合连接的中间件

所谓"中间件"，即在不同类型的软件之间起连接作用的软件。在 M2M 技术体系中，M2M 网关与数据收集 / 集成部件两部分组合成了中间件。

其中，网关在 M2M 中间件技术体系中起着举足轻重作用，如图 5-13 所示。

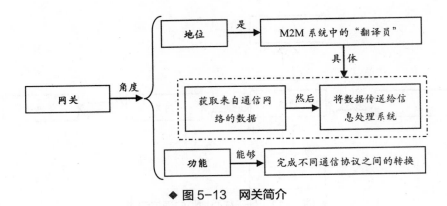

◆ 图 5-13　网关简介

数据收集／集成部件作为中间件的另一个重要组成部分，其主要目的是将数据通过数据收集／集成部件，最终转变成有价值的信息，如图 5-14 所示。

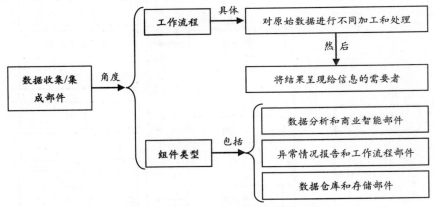

◆ 图 5-14　数据收集／集成部件简介

❺ 综合性的应用

在 M2M 体系中，其应用综合了各方面的技术、方案和信息，如图 5-15 所示。

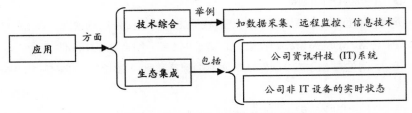

◆ 图 5-15　M2M 的应用综合分析

5.1.3　M2M 的产品类别

　　对于 M2M 技术而言，其核心理念是网络一切（Network Everything），在这一理念中，产品是一个不可忽视的因素——产品是推广和践行的载体，对 M2M 技术的产品加深了解，可以更具体地熟悉 M2M 技术。关于 M2M 技术的产品类别，如图 5-16 所示。

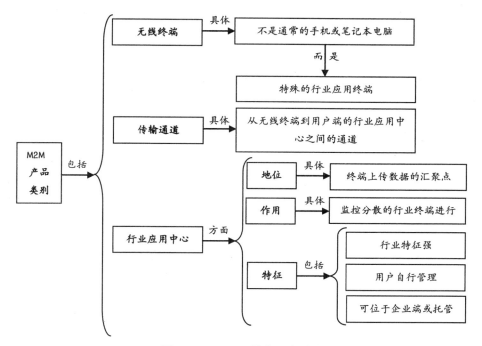

◆ 图 5-16　M2M 的产品类别分析

5.1.4　M2M 的业务应用

　　M2M 是一种进行了多方面综合的理念，在其技术的形成体系中，充分体现了其在业务应用方面的强大发展力，具体表现如下。

▶ 综合性的技术集合；

▶ 大而广的生态系统；

▶ 自动化的业务流程；

▶ 实时性的资讯集成；

▶ 增值型的服务创造。

M2M 技术的业务应用是一个非常广泛的概念，它涉及现实社会中的各个方面。在此，从其终端的性质即是否具有移动性出发，将其分成移动性应用和固定性应用这两类进行介绍。

❶ 固定性应用

所谓"固定性应用"，即其终端不具备移动性的业务应用方面，适用范围如图 5-17 所示。

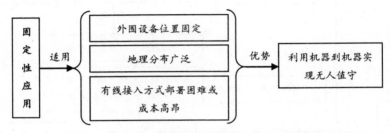

◆ **图 5-17 M2M 技术固定性应用的适用情况**

在适用范围内，M2M 技术的固定性应用在多个领域和行业有着应用，具体如图 5-18 所示。

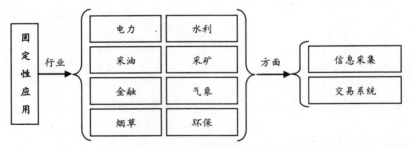

◆ **图 5-18 M2M 技术固定性应用的行业应用**

❷ 移动性应用

移动性应用，即终端具备移动性的业务应用，适用范围如图 5-19 所示。

同固定性应用一样，在适用范围内，M2M 技术的移动性应用在多个领域和行业有着广泛应用，具体如图 5-20 所示。

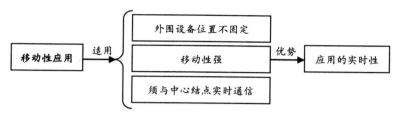

◆ 图 5-19　M2M 技术移动性应用的适用情况

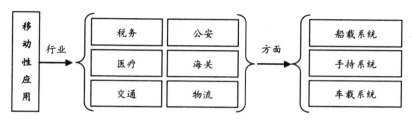

◆ 图 5-20　M2M 技术移动性应用的行业应用

5.1.5　M2M 与移动物联网的关系

在移动物联网时代，由各种技术综合而成的 M2M 是移动物联网产生的基础，是支撑移动物联网的四大技术之一。关于 M2M 与移动物联网的相互关系，具体内容如图 5-21 所示。

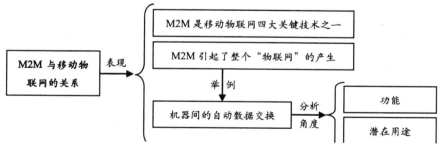

◆ 图 5-21　M2M 与移动物联网的关系分析

5.1.6　"网络一切"的 M2M 未来发展

M2M 技术说到底就是一种无线通信技术，其目标就是使一切人与事物都具备通信能力，即"网络一切"，分别利用两种方式来实现，如图 5-22 所示。

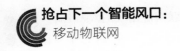
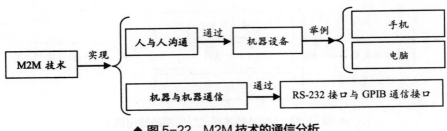

◆ 图 5-22　M2M 技术的通信分析

由图 5-22 可知，M2M 技术想要实现其"网络一切"的目标，就离不开机器这一实现无线通信的媒介，因此，未来的 M2M 将使得更多的设备具备通信和连网能力，并在传输内容上进行提升，如图 5-23 所示。

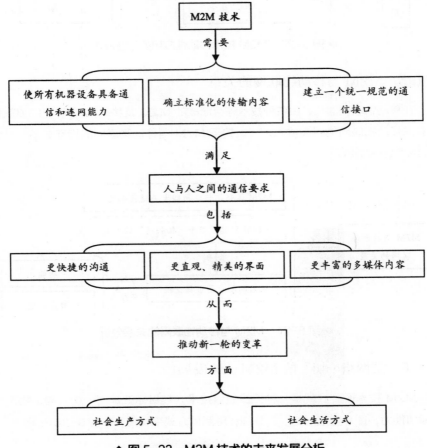

◆ 图 5-23　M2M 技术的未来发展分析

5.2 移动物联网中的 M2M 应用

从前面介绍中我们已经知道，M2M 技术是移动物联网的一项非常关键的技术，支撑着移动物联网的发展，如图 5-24 所示。

因此，在移动物联网领域，M2M 技术的应用是非常广泛的，相信读者在了解了本节内容后就能够详知其应用状况。

◆ 图 5-24　M2M 技术在移动物联网中的应用

5.2.1 【案例】奥迪 M2M 技术的移动 4G 生活

在数字安全领域，金雅拓公司提供的设备、软件和服务有着领先的技术优势，成为该领域的全球领先企业。图 5-25 所示为金雅拓的安全手机支付示意图。

◆ 图 5-25　金雅拓的安全手机支付示意图

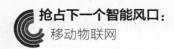

目前，金雅拓在金融服务、电子政务、身份管理和交通领域等都有着非常广泛的应用。下面以其汽车级 M2M 技术为奥迪提供移动 4G 为例，具体介绍其产品和服务的应用。图 5-26 所示为奥迪的 M2M 技术应用场景。

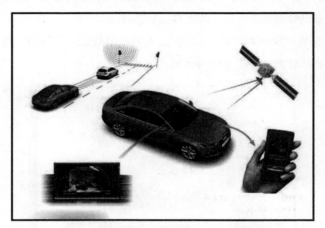

◆ 图 5-26　奥迪的 M2M 技术应用场景

Cinterion 系列汽车级 M2M 技术在奥迪公司汽车 LTE 信息娱乐系统方面的应用是一项走在时代前沿的新一代服务，如图 5-27 所示。

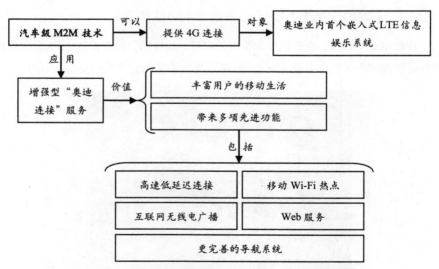

◆ 图 5-27　奥迪公司的汽车级 M2M 技术应用浅析

M2M 是一种无线通信技术，因而它最重要的价值就是实现连接。奥迪所应用的 Cinterion 系列汽车级 M2M 技术就是在这一价值上体现的延伸，如图 5-28 所示。

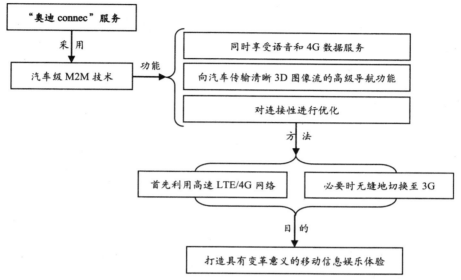

◆ 图 5-28 "奥迪 connec" 服务的汽车级 M2M 技术应用功能分析

5.2.2 【案例】泰利特提高电网效能的 M2M 技术方案

泰利特（Telit）是一家全球领先的以 M2M 应用为主要业务的国际移动通信专业公司，能够提供最全面端到端物联网服务，如图 5-29 所示。

◆ 图 5-29 泰利特的端到端物联网服务展示

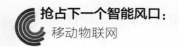

关于泰利特的 M2M 技术的应用和产品，其具体内容如图 5-30 所示。

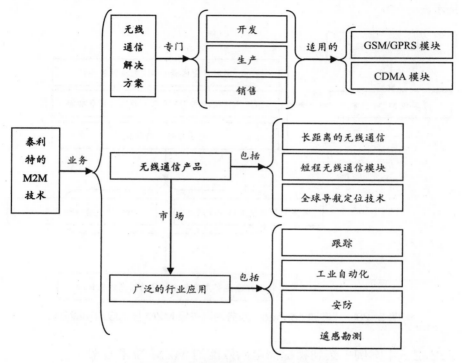

◆ 图 5-30　泰利特的 M2M 技术应用分析

在有着广泛的行业应用市场的情形下，泰利特与 IPM SYSTEM International GmbH 合作，致力于利用 M2M 技术提高电网效能，如图 5-31 所示。

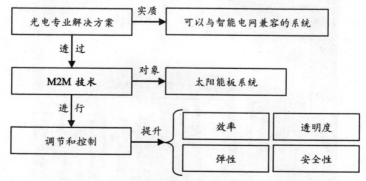

◆ 图 5-31　光电专业解决方案中的 M2M 技术应用

在移动物联网领域中，光电专业解决方案通过应用 M2M 技术实现了电网的智能化，并可以通过提升连接力达到最佳化的太阳能光伏板效能，从而提升电网效率，如图 5-32 所示。

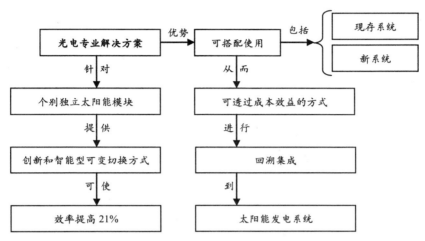

◆ 图 5-32 光电专业解决方案特征分析

在光电专业解决方案中，太阳能系统的 M2M 通信应用是基于提高电网效能这一目的的，主要可从三个方面进行了解，如图 5-33 所示。

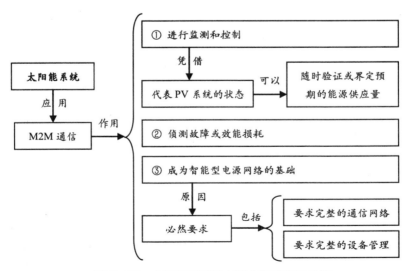

◆ 图 5-33 太阳能系统的 M2M 通信应用分析

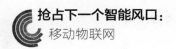

5.2.3 【案例】医疗领域 M2M 技术应用的信息化趋势

在移动物联网时代，医疗领域的 M2M 技术的应用是医疗发展的必然选择，如图 5-34 所示。

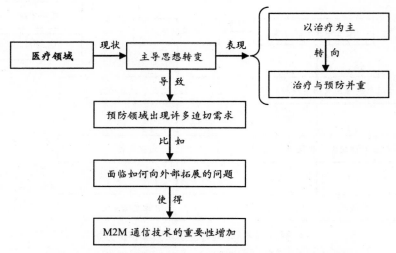

◆ 图 5-34 医疗领域 M2M 技术应用的重要性和必要性分析

在医疗领域的 M2M 技术展示出其重要性和必要性的同时，也为电信运营商带来了巨大商机，如图 5-35 所示。

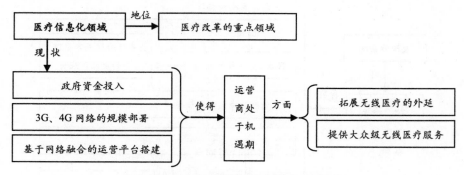

◆ 图 5-35 医疗信息领域的发展机遇分析

就目前的情况而言，医疗领域的 M2M 技术应用是其信息化发展的重要表现。从这一方面出发进行考虑，有三个值得注意的问题，具体内容如下。

❶ 网络规模和体系需进一步拓展

在移动物联网时代，医疗领域的信息化建设已经取得了长足发展，相信在生物识别技术和 M2M 技术的双重作用下，信息化发展将更上一层楼，如图 5-36 所示。

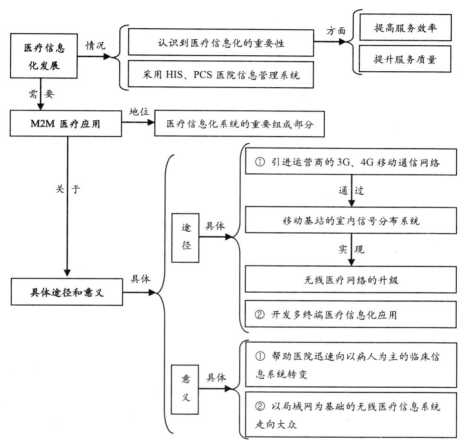

◆ 图 5-36　医疗信息化领域的 M2M 无线通信网络的发展分析

❷ 发展过程中的强强联合趋势

在医疗信息化领域，想要挖掘更多的市场空间和价值就需要两个必要的条件，这符合其未来的发展方向，如图 5-37 所示。

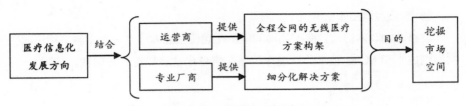

◆ 图 5-37　医疗信息化发展的强强联合简介

❸ 具备全程全网优势的运营商

　　在医疗信息化发展过程中，全民医疗信息化已成为必然的发展目标和任务，其具体内容如图 5-38 所示。

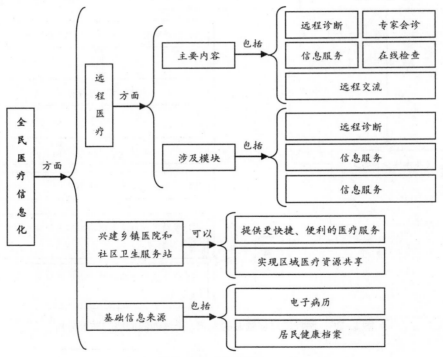

◆ 图 5-38　全民医疗信息化目标分析

　　在全民医疗信息化趋势下，发挥运营商具备的全程全网优势成为必然选择，如图 5-39 所示。

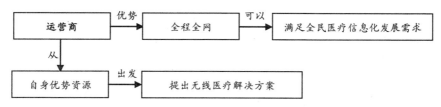

◆ 图 5-39　全民医疗信息化趋势下的运营商优势分析

　　基于上述情形，我国三大电信运营商分别积极地发挥其优势，推进医疗领域 M2M 无线通信技术应用的发展。

　　（1）中国移动。电信运营商——中国移动将 M2M 无线通信技术运用于医疗急救领域，如图 5-40 所示。

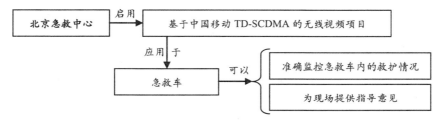

◆ 图 5-40　中国移动的 M2M 无线通信技术应用分析

　　（2）中国电信。在医疗信息化领域，电信运营商——中国电信从多个方面实现了 M2M 无线通信技术的应用，如图 5-41 所示。

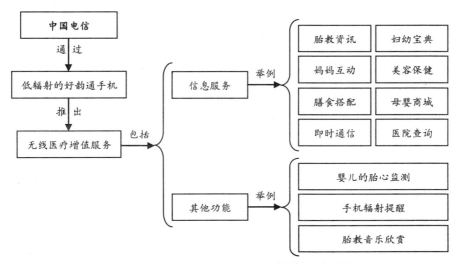

◆ 图 5-41　中国电信的无线医疗增值服务简介

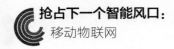

（3）中国联通。在医疗信息化领域，中国联通也不示弱，推出了基于M2M无线通信技术的远程医疗慢性病监控系统，如图5-42所示。

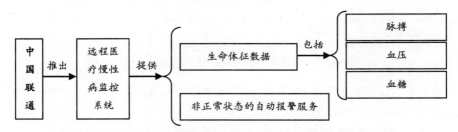

◆ 图5-42　中国联通的M2M无线通信技术应用分析

上述内容充分体现了医疗领域的生物识别技术和M2M技术的融合。这一医疗信息化的发展趋势是无线医疗领域具有个性化特色的医疗信息管理体系发展的前提和基础，如图5-43所示。

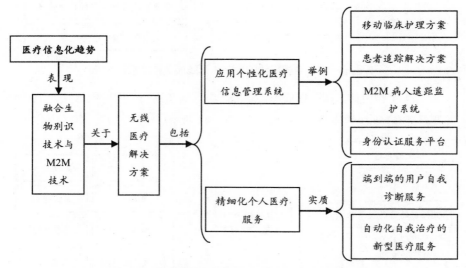

◆ 图5-43　医疗信息化趋势下的无线医疗解决方案

5.2.4　【案例】ADL整合车载资讯的M2M技术应用

ADL是英国最大的公共汽车和长途汽车制造商——亚历山大·丹尼斯有限公司的英文缩写，其英文全称为Alexander Dennis Limited。图5-44所示为有关该公司的情况简介。

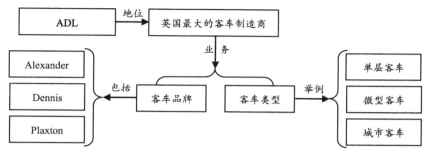

◆ 图 5-44　有关该公司的情况简介

　　该公司目前最畅销的客车为名为 Enviro200 的系列中巴，如图 5-45 所示。

　　Enviro200 系列中巴之所以畅销，是由其特征和优势决定的。关于 ADL 生产的 Enviro200 系列中巴的特征，具体情况如图 5-46 所示。

◆ 图 5-45　ADL 生产的 Enviro200
系列中巴

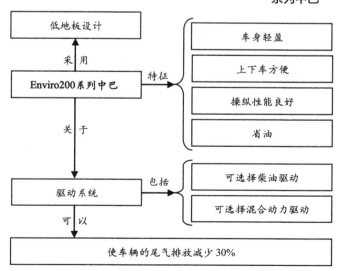

◆ 图 5-46　Enviro200 系列中巴的特征简介

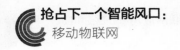
在 ADL 的汽车制造中，该公司主要从三个方面推动公司发展，具体内容如下。

▶ 良好的节能性能；

▶ 元素的创新融入；

▶ 一流的售后服务。

在这一企业目标驱动下，其为伦敦奥运提供的公交车上应用了网路车载资通信厂商 Traffilog 的 M2M 解决方案，以此提高安全性和舒适度，如图 5-47 所示。

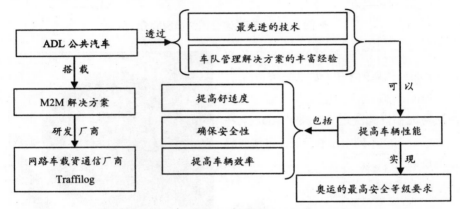

◆ 图 5-47　ADL 应用的 M2M 解决方案简介

Traffilog 的 M2M 解决方案是由两个方案组成的，通过这两个方案的组合为车队服务，如图 5-48 所示。

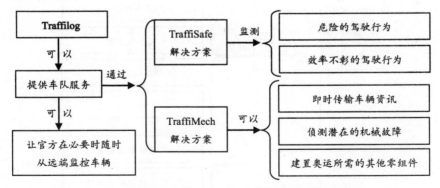

◆ 图 5-48　Traffilog 的 M2M 解决方案组成分析

这一解决方案在两个方面表现出了其良好的性能，如图 5-49 所示。

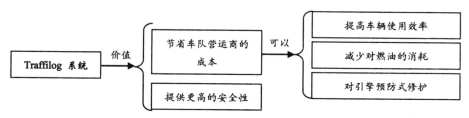

◆ 图 5-49 Traffilog 的 M2M 解决方案的价值分析

　　为了稳定和进一步优化 Traffilog 系统中的 M2M 技术的应用，该 M2M 装置进一步整合了泰利特无线解决方案的 GE863-GPS 先进模组，以此来实现其最佳资讯整合目标，如图 5-50 所示。

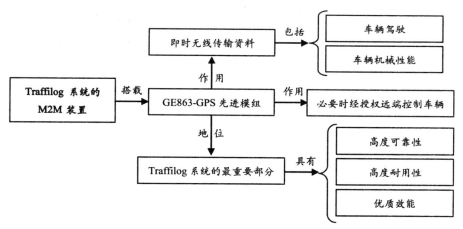

◆ 图 5-50 Traffilog 系统 M2M 技术的 GE863-GPS 应用

6
CHAPTER

电子标签，点到点的移动物联网实现

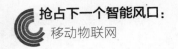

6.1 拨开迷雾，勾画 RFID 的知识网络

RFID 与 M2M 都是通信领域的新兴技术，它们是构成移动物联网的两种重要技术，正是因为它们在通信领域的连接，才形成了"物物相连"的关系网络。上一章已经具体介绍了 M2M 无线通信技术，此节主要介绍 RFID 技术。

关于 RFID 技术的基础知识，读者需要深入了解包括六个方面的内容，如图 6-1 所示。

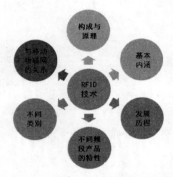

◆ 图 6-1　RFID 技术的基础知识架构

6.1.1　基本内涵——RFID 技术的自动识别

RFID 是英文 Radio Frequency Identification 的缩写，在汉语里称为无线射频识别。它是一种非接触式的自动识别技术和通信技术，如图 6-2 所示。

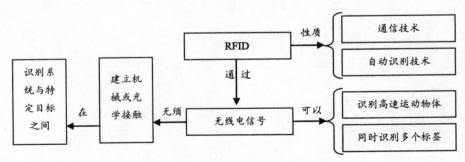

◆ 图 6-2　RFID 技术简介

RFID 技术，换而言之，就是一种利用无线电信号识别对象和获取目标对象的相关信息的技术，如图 6-3 所示。

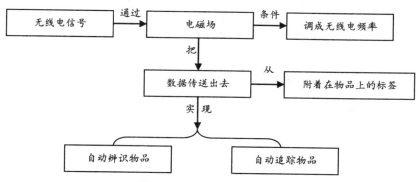

◆ 图 6-3　RFID 技术内涵浅析

　　图 6-3 中所提及的标签是一种能够被识别的、代表物品的"身份证"，它伴随着物品从产生到被废弃的整个过程。在这些标签在承担工作的过程中，从其能量的角度来看，可分为两种情况，如图 6-4 所示。

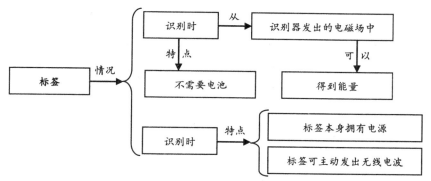

◆ 图 6-4　RFID 技术自动识别时的能量提供情况

　　电子标签与条形码都是物品信息的载体，通过它们可以实现对物品的识别，但是这两种载体在识别方面有很大的不同，如图 6-5 所示。

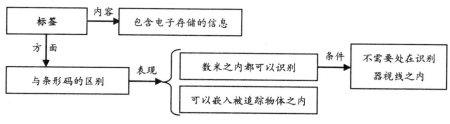

◆ 图 6-5　电子标签的识别距离分析

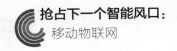

基于电子标签和条形码识别时对识别器与物品信息载体间距离的要求不同，电子标签在对物品进行识别时在某些方面明显更具优势。另外，在其他几个方面电子标签（射频标签）也同样具有优势，具体内容如图 6-6 所示。

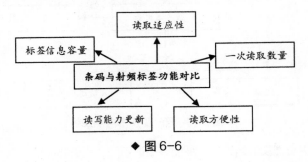

◆ 图 6-6

那么，利用电子标签这一物品信息载体的 RFID 技术究竟具有怎样的优势和特点呢？关于这一问题，具体分析如图 6-7 所示。

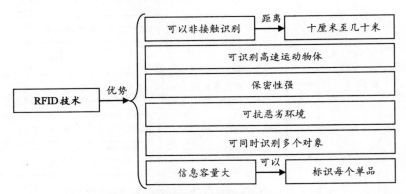

◆ 图 6-7　RFID 技术的优势浅析

综上所述，关于 RFID 技术，其基本内涵可概括如图 6-8 所示。

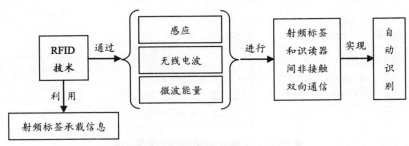

◆ 图 6-8　RFID 技术的基本内涵分析

6.1.2 构成与原理——RFID 技术的数据交换

RFID 被称为自动识别技术，是应为在其工作系统中，有能够对目标对象进行自动识别的阅读器，并能够在识别的基础上通过中央信息系统的数据处理后作出应答，在目标对象—阅读器—中央信息系统—应答器（电子标签）—应用软件中有提供连接的天线和其他链接设备，因此，在 RFID 的系统构成中，其系统组成如图 6-9 所示。

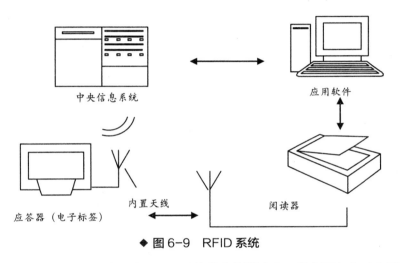

◆ 图6-9 RFID 系统

从图 6-9 中可以看出，在 RFID 系统的内部构成中，其主要包含三个基本组成部分，即电子标签、中央信息系统和阅读器。

❶ 电子标签

在 RFID 系统中，电子标签是存储数据和信息的装置，是识别对象的相关信息的载体。其组成系统如图 6-10 所示。

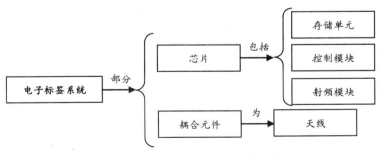

◆ 图6-10 电子标签系统的构成

由此可见，电子标签的系统结构组成如图 6-11 所示。

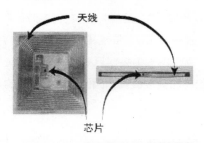

◆ 图 6-11　电子标签的系统结构

其中，构成电子标签控制模块的结构如图 6-12 所示。

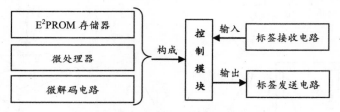

◆ 图 6-12　电子标签的控制模块构成

在电子标签控制模块的构成中，各部分协同合作，共同完成电子标签的控制处理。关于其结构的各部分作用如图 6-13 所示。

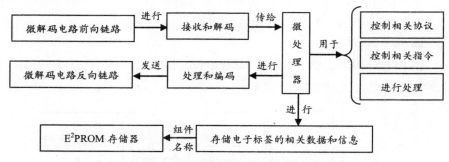

◆ 图 6-13　电子标签控制模块各部分的作用简介

❷ 中央信息系统

在 RFID 系统中，中央信息系统是连接电子标签和阅读器的中间部分，其主要组成和作用如图 6-14 所示。

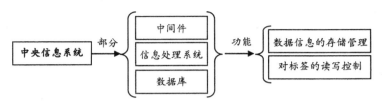

◆ 图 6-14 中央信息系统的组成与功能

❸ 阅读器

在 RFID 系统中，阅读器是用于读取数据和信息的装置，如图 6-15 所示。

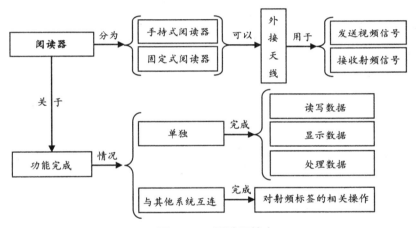

◆ 图 6-15 阅读器简介

对阅读器的功能结构组成而言，它包含两个部分，具体内容如下。

（1）阅读器控制系统。关于阅读器控制系统承担的功能，如图 6-16 所示。

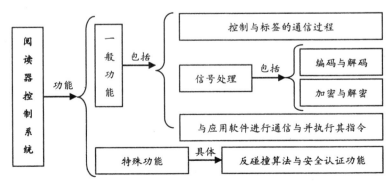

◆ 图 6-16 阅读器控制系统的功能介绍

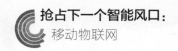

（2）阅读器射频接口。关于阅读器射频接口的组成和需要承担的功能，如图6-17所示。

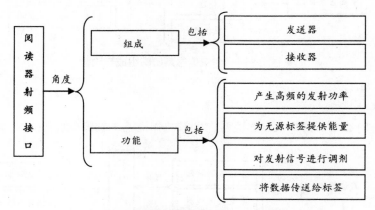

◆ 图6-17　阅读器射频接口的结构构成和功能介绍

上述已经介绍了 RFID 系统的组成，这为接下来要了解的 RFID 工作原理奠定了知识基础。图6-18 所示为 RFID 的工作原理。

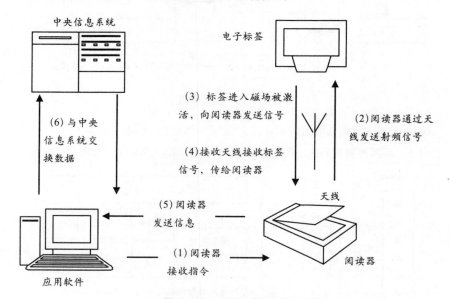

◆ 图6-18　RFID 的工作原理

从图6-18 中可以看到，在 RFID 系统进行工作时，阅读器和电子标签两个最主要的组成元件是通过天线建立起电磁波的传播通道的。关于该通道的具体内容和情形，如图 6-19 所示。

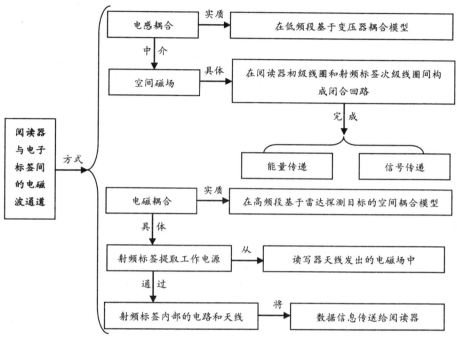

◆ 图6-19　阅读器与电子标签间的通道方式分析

　　在上述介绍中曾多次提及能量，想要对 RFID 系统中的能量情况进行了解，有 3 个方面的内容需要读者关注，即数据、时序和能量，这也是 RFID 系统中阅读器与电子标签间需要关注的内容。

　　在此的数据是指"数据交换"，是阅读器与电子标签间的数据交换，具体内容如图 6-20 所示。

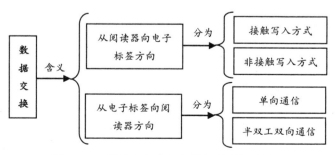

◆ 图6-20　阅读器与电子标签间的数据交换介绍

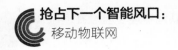

数据交换是 RFID 系统的工作目的，而从数据交换的实现方式而言，就不能不提及时序。在这里，时序是针对阅读器与电子标签间数据交换的方向来说的，具体内容如图 6-21 所示。

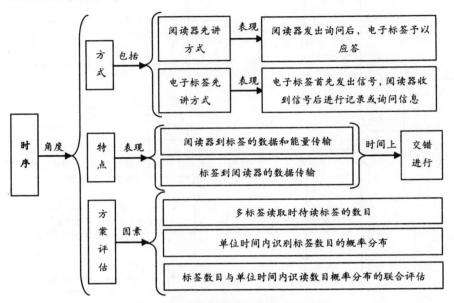

◆ **图 6-21　数据交换实现方式的时序分析**

在时序法中，RFID 系统的运行必须具备一定的支撑能量，只有这样才能维持数据交换的时序实现，而这些能量其实是由阅读器提供的，具体内容如图 6-22 所示。

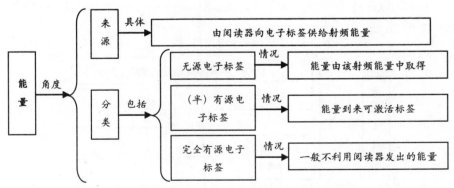

◆ **图 6-22　RFID 系统中时序实现的能量提供**

6.1.3　发展历程——RFID 技术的应用与完善

RFID 技术作为一种新兴的感知和通信技术，自有其概念产生到应用的发展历程。从其发展时段的成就而言，可分为两个阶段——理论与探索阶段和发展与应用阶段，具体内容如下。

❶ 理论与探索阶段

每一个新事物的产生，都是建立在一定的科学理论与技术发展基础之上的。只有对相关的科学的、有发展依据的理论进行完善和技术探索，才能最终确定理论的正确性和适用性。RFID 技术也是如此，关于其理论与探索阶段的发展情况，具体内容如图 6-23 所示。

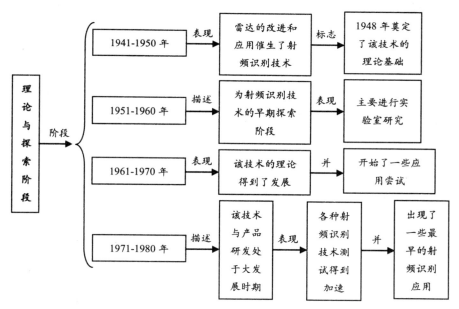

◆ 图 6-23　RFID 技术的理论与探索阶段

这一阶段的探索与发展使得后来的 RFID 技术的应用成为可能，特别是理论的发展与不断完善，将在相当长的一段时间内影响着 RFID 技术的应用与发展，为 RFID 技术的拓展应用奠定了理论基础。

❷ 发展与应用阶段

每一种新兴的技术只有当发展到一定的程度才能在现实生活中得到应用，反

过来，新兴技术在应用拓展的过程中通过问题的不断产生和解决，也将逐渐促进
新兴技术的发展。RFID 技术在经历了理论与探索阶段后，会进入发展与应用阶段，
具体内容如图 6-24 所示。

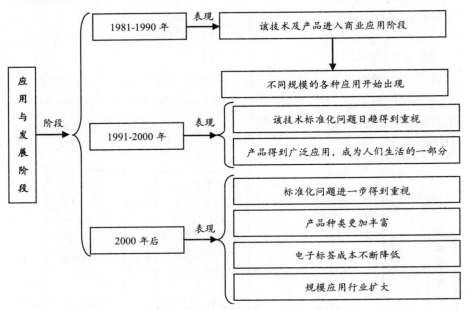

◆ 图 6-24　RFID 技术的应用与发展阶段

　　RFID 技术经过上述两个阶段的发展，目前已经成为一种非常成熟的、得到
广泛应用的技术，如图 6-25 所示。

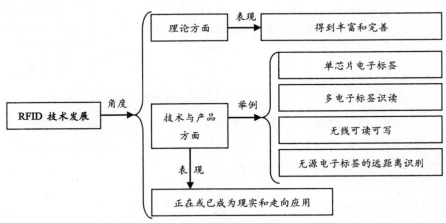

◆ 图 6-25　RFID 技术目前的发展状况简介

6.1.4 能量调制——RFID 标签的不同类别

RFID 标签即电子标签，它是 RFID 中的一个基本组成部分和信息载体。RFID 标签按照不同的分类方法，可以分成不同的类别，如图 6-26 所示。

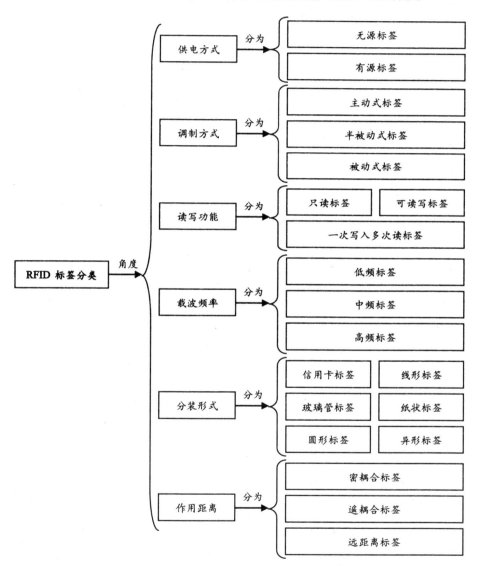

◆ 图 6-26 RFID 标签的类别分析

图 6-26 从六个角度对 RFID 标签进行了分类，这使读者对其类别有一个总

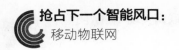

体的了解。下面将从调制方式的角度出发，对 RFID 标签的类别进行具体的介绍，主要内容如下。

❶ 主动式标签

主动式标签是指调制方式采取主动的标签类别，它能利用自身的射频能量进行数据的主动发送，具体内容如图 6-27 所示。

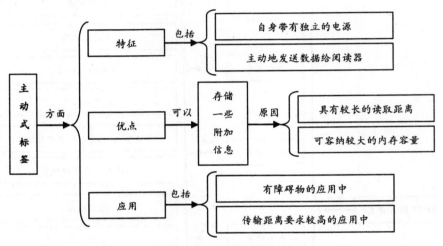

◆ 图6-27　主动式标签介绍

❷ 被动式标签

与主动式标签调制方式完全不同的被动式标签是一种自身不具备独立电源的标签，因此，其标签驱动依靠接收到的电磁波进行驱动，如图 6-28 所示。

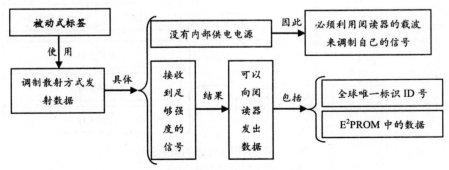

◆ 图6-28　被动式标签的驱动特点介绍

被动式标签是目前市场上主要的电子标签类别应用，这是由它的特点决定的。关于被动式标签的优缺点和市场应用，具体内容如图 6-29 所示。

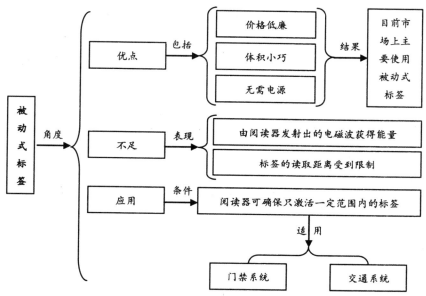

◆ 图 6-29　被动式标签的优缺点与应用分析

❸ 半被动式标签

半被动式标签又称为半主动式标签，其调制方式是介于主动式标签与被动式标签二者之间的。从天线的任务来说，半被动式标签可以解决被动式标签天线阻抗设计的"开路与短路"问题，如图 6-30 所示。

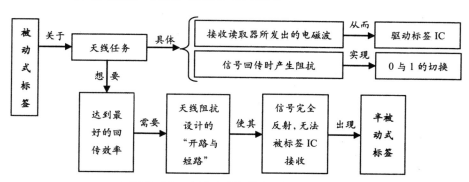

◆ 图 6-30　半被动式标签出现的必要性分析

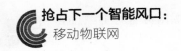

由图 6-30 可知，半被动式标签与被动式标签都与"被动式"相关，不同的是半被动式标签多了一个小型电池，从而可以解决被动式标签在工作系统中存在的问题，如图 6-31 所示。

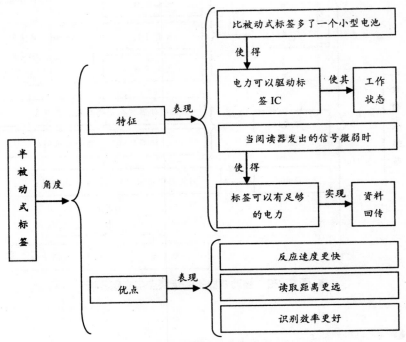

◆ 图 6-31　半被动式标签的特征与优点分析

6.1.5　产品特性——RFID 不同频段解构

RFID 技术的标签按照其载波频率的不同可分为低频、中频和高频标签，那么，RFID 产品从这一角度出发进行分析，也自有其不同的特性。

下面将以无源的感应器产品为例，为读者具体介绍低频、高频和超高频等不同工作频段产品的主要特性和应用。

❶ 低频频段

所谓"低频"，是指频率为 125KHz ～ 135KHz 的频段范围，这也是 RFID 技术产品最先得到应用与推广的频段。在该频段内，RFID 系统的工作运行与状态如图 6-32 所示。

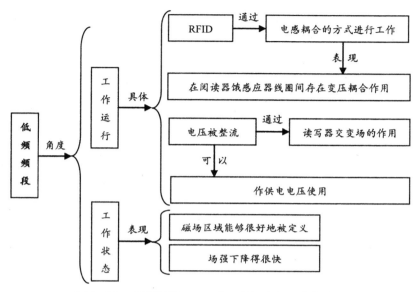

◆ 图6-32 低频频段RFID的工作运行与工作状态分析

频率采用低频频段的产品，其特性主要表现在六个方面，如图6-33所示。

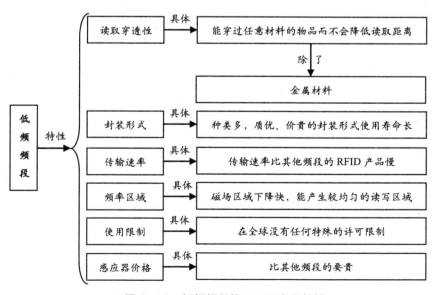

◆ 图6-33 低频频段的RFID产品特性

在应用方面，低频频段的 RFID 产品应用主要表现在两个方面，这两个方面制定的相应的国际标准具体内容如图 6-34 所示。

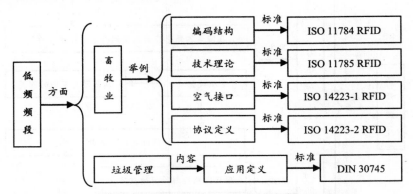

◆ 图 6-34　低频频段的 RFID 产品应用国际标准举例

❷ 高频频段

高频频段，是指工作频率为 13.56MHz 的频率范围，在该频段内，RFID 产品不再是使用需要线圈绕制的感应器。关于高频频段 RFID 系统的感应器工作运行，如图 6-35 所示。

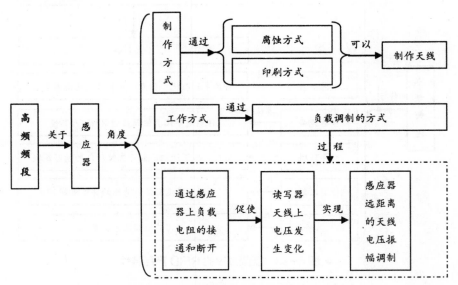

◆ 图 6-35　高频频段的 RFID 系统感应器

在 RFID 系统中，频率为高频频段的产品的特性如图 6-36 所示。

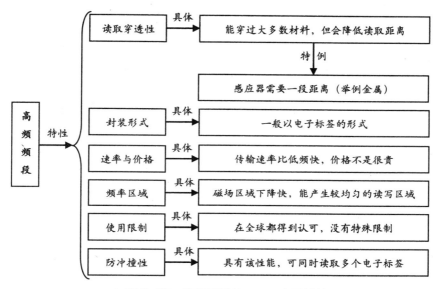

◆ 图 6-36　高频频段的 RFID 产品特性

在应用方面，高频频段的主要应用是 IC 卡，并据此和其他方面制定了相关国际标准，具体内容如图 6-37 所示。

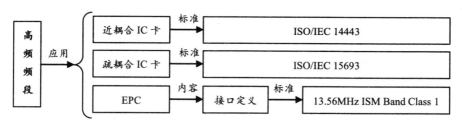

◆ 图 6-37　高频频段的 RFID 产品应用国际标准举例

❸ 超高频频段

超高频频段，即工作频率在 860MHz ～ 960MHz 之间的频段范围。在该频段内，RFID 系统的工作运行与工作状态如图 6-38 所示。

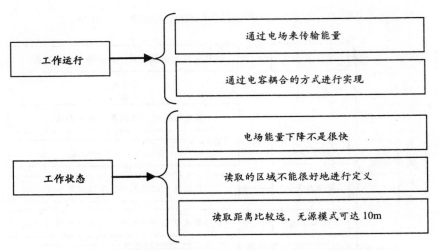

◆ 图 6-38　超高频频段 RFID 系统的工作运行与工作状态分析

在 RFID 系统中，工作频率为超高频频段的产品的特性如图 6-39 所示。

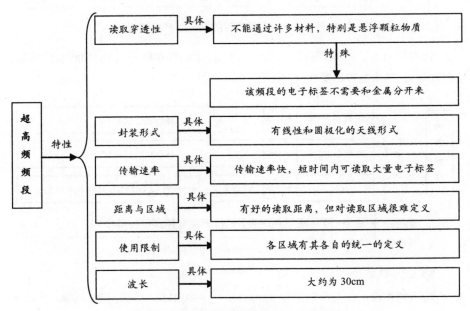

◆ 图 6-39　高频频段的 RFID 产品特性

在应用方面，制定了相关的三个国际标准来规范超高频频段的应用，如图 6-40 所示。

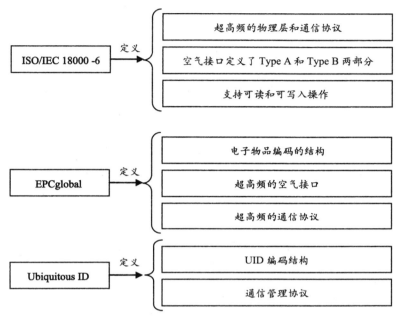

◆ 图6-40　超高频频段的应用国际标准举例

6.1.6　相互关系——RFID与移动物联网

在移动物联网领域，RFID是其实现发展和推广最关键的技术之一，反过来，移动物联网的推进又为RFID技术的发展和应用提供了广阔的空间，如图6-41所示。

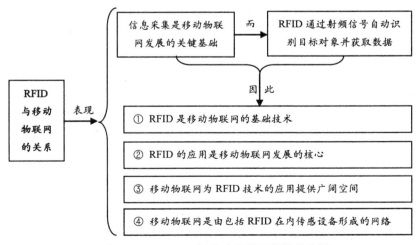

◆ 图6-41　RFID与移动物联网的关系分析

6.2 势不可当，探索 RFID 的优势应用

从上述介绍了解到，RFID 具有非常明显的优势，且其射频标签所具有的物品唯一的"身份证"特征使得 RFID 在很多领域都有着非常广泛的应用，如图 6-42 所示。

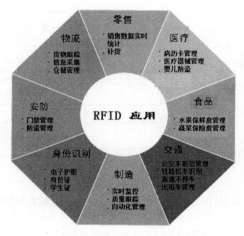

◆ **图 6-42　RFID 应用简介**

下面从零售、安防、交通和食品等四个领域出发，具体阐述 RFID 应用。

6.2.1　【案例】跟踪盘点，沃尔玛的 RFID 标签管理

沃尔玛，全称为沃尔玛百货有限公司，英文名为 Wal-Mart Stores，是一家综合性的零售连锁企业，关于其具体内容如图 6-43 所示。

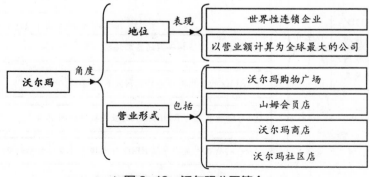

◆ **图 6-43　沃尔玛公司简介**

为了适应时代的发展，以便更好地提高企业业务能力和水平，沃尔玛推出了电子标签技术，如图6-44所示。

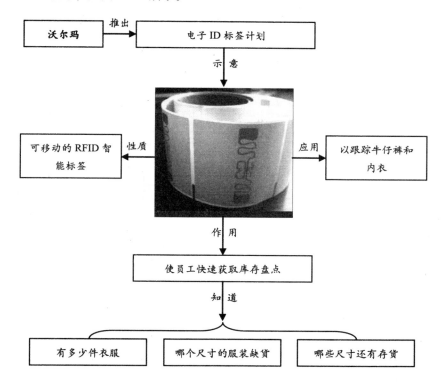

◆ 图6-44 沃尔玛的RFID电子标签简介

在沃尔玛的RFID标签应用中，其具体情况如图6-45所示。

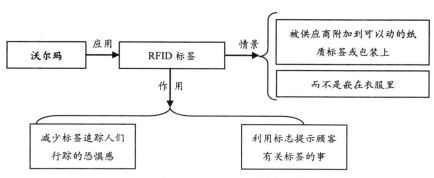

◆ 图6-45 沃尔玛的RFID标签应用情况浅析

6.2.2　【案例】出入控制，RFID门禁的安全保障

门禁系统，是一种对重要区域进行出入口管理和控制的系统，因此，它又被称为出入口控制系统。目前的门禁系统是一种新型的现代化安全管理系统，具体内容如图6-46所示。

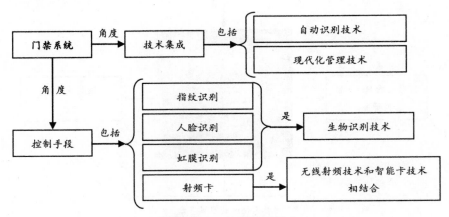

◆ 图6-46　门禁系统简介

图6-46中的射频卡是一种应用了RFID的控制手段，也是应用于门禁系统领域的重要技术。关于RFID应用的门禁卡应用在生活中已经是一种非常普遍的存在。图6-47所示为一般情况的门禁系统，用以进行身份识别和保全管理。

◆ 图6-47　一般情况的门禁系统

而从RFID应用这一角度来看，它是一种起步早、应用方便和发展迅速的技术，特别是在安防领域，具体如图6-48所示。

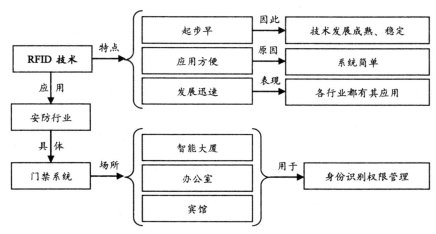

◆ 图6-48 RFID技术的安防应用及门禁系统分析

目前的门禁系统是一种基于 Web 技术、采用 RFID 技术的门禁系统。在其使用中，其具体工作情况如图 6-49 所示。

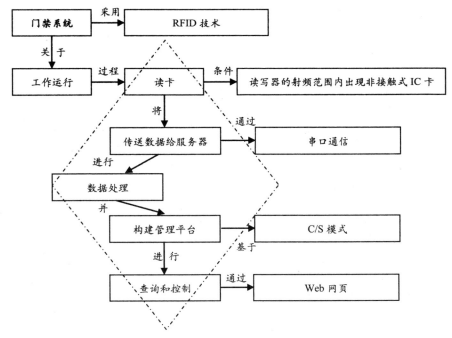

◆ 图6-49 门禁系统中的 RFID 技术工作情况

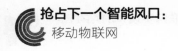
6.2.3 【案例】智能应用，RFID技术的交通方案

在交通领域，RFID技术的应用表现在多个方面。图6-50所示为有关于其应用的具体情形。

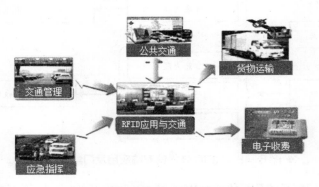

◆ 图6-50　有关于其应用的具体情形

就如图6-50中的电子收费来说，这是一种典型的RFID应用，也是发展智能交通的重要体现和方向。

在RFID技术基础上，构建了新型的路桥收费方式，那就是射频自动识别不停车收费系统（ETC），具体内容如图6-51所示。

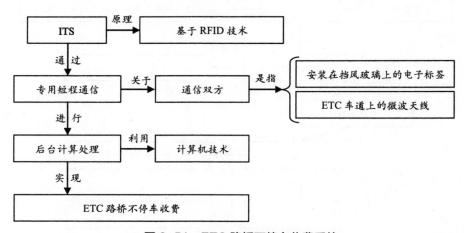

◆ 图6-51　ETC路桥不停车收费系统

关于交通领域的另一个方面的RFID应用是铁路机车识别，这有利于更好地保障列车与行人安全。图6-52所示为纽约地铁轨道重建时采用RFID技术实现

列车跟踪的分析。

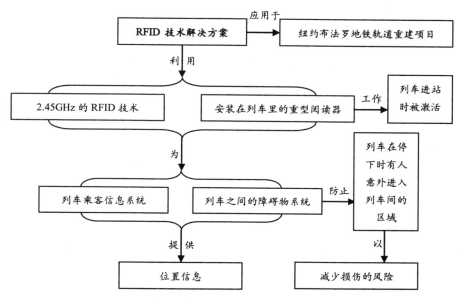

◆ **图 6-52　纽约地铁轨道重建时采用 RFID 技术实现列车跟踪的分析**

6.2.4　【案例】食品溯源，RFID 的全程监控管理

说到食品，人们首先关注的是与自身息息相关的健康与安全问题。目前出现的众多的食品安全问题迫切需要得到解决，于是 RFID 技术得以更多地应用到了食品领域，如图 6-53 所示。

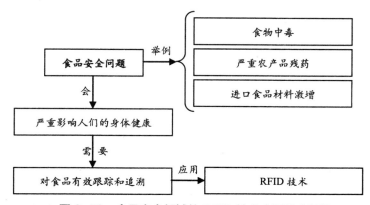

◆ **图 6-53　食品安全领域的 RFID 技术应用的必要性**

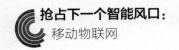

基于 RFID 技术的自动识别，能够全程、全方位地实现对食品的有效跟踪和追溯，主要包括五个方面，如图 6-54 所示。

◆ **图 6-54　食品领域的 RFID 技术追溯**

从图 6-54 中的五个方面进行严格管理与监控，将有望保障食品安全。如上海世博会就采用了"世博食品物流 RFID 监控溯源系统"来对食品进行管理，如图 6-55 所示。

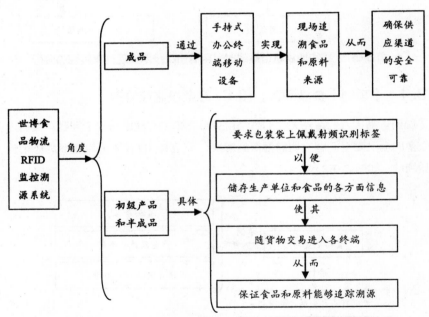

◆ **图 6-55　世博食品物流 RFID 监控溯源系统浅析**

7
CHAPTER

条形码技术，创新性的
移动物联网发展

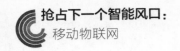
7.1 条形码技术的世纪

在移动物联网时代，在"物物相连"体系中，条形码作为一种重要的物品标识，是构成移动物联网的最基础元素，因此有必要了解条形码的相关知识，以便在移动物联网时代可以更好地把握机遇，拓展企业业务。

本节将从四个方面讲述条形码的基础知识，如图 7-1 所示，以便读者对条形码有一个大概的了解。

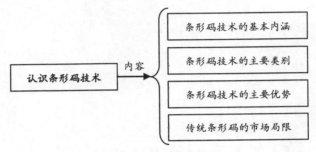

◆ 图 7-1　条形码的基础知识

7.1.1　"条"与"码"而成的技术

条形码，又称为"条码（bar code）"，其主要含义是集中在"条"和"码"二字上。"条"是指宽度不等的黑条，而这些"条"是按一定的编码规则排列的，形成了具有一定数字或字母符号含义的图形标识，也就是"条形码"。图 7-2 所示为常见的条形码。

◆ 图 7-2　条形码

对商品而言，条形码是其进入市场、用于识别的重要图形标识符，有着如此重要作用的条形码必然有其一定的结构组成，如图 7-3 所示。

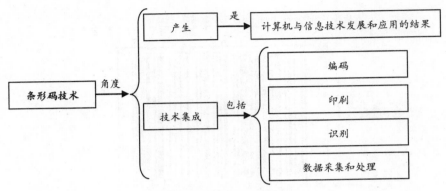

◆ 图 7-5　条形码技术简介

7.1.2　维度上的条形码分类标识

目前，在条形码范畴内，主要可分为三类，即一维码、二维码和多维码，具体内容如下。

❶ 一维码

一维码，即一维条码，是由对光线反射率较低的"条"和对光线反射率较高的"空"及对应的字符组成的标识符，如图 7-6 所示。

（1）

（2）

◆ 图 7-6　一维码

在移动物联网中，每一种物品都有它唯一的一维码编码，凭借这种编码可以通过数据库获取物品信息，如图 7-7 所示。

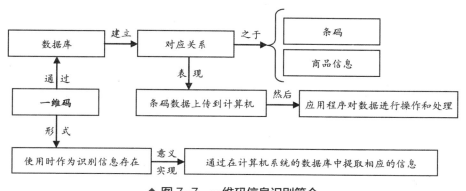

◆ 图 7-7 一维码信息识别简介

然而，一维码的信息识别是有一定限制的，且在使用时存在一些局限，如图 7-8 所示。

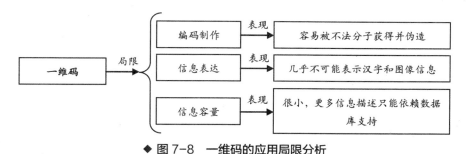

◆ 图 7-8 一维码的应用局限分析

从一维码的发展来看，其自问世以来得到了广泛的应用。具体来说，一维码的各组成部分是按照一定的码制组成的，且不同码制有其特定的应用领域，具体如图 7-9 所示。

❷ 二维码

二维码，又称为二维条码，从其名称来看，它比一维多了一个维度，即垂直维度。它弥补了一维码因在垂直方向上不携带资料而导致的资料密度偏低的局限，成功地提高了资料密度。

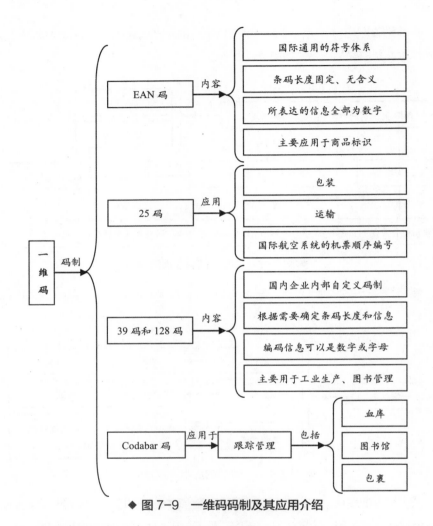

◆ 图 7-9　一维码码制及其应用介绍

关于资料密度的提高，二维码主要通过两种方法来实现，由此而产生了二维码的两大类别，即堆叠式二维码和矩阵式二维码，具体内容如下。

（1）堆叠式二维码。它是一种建立在一维码基础之上的多层符号，通过对一维码的高度变窄调整，再依需要堆叠成行而形成，如图7-10所示。

◆ 图 7-10　堆叠式二维码

关于堆叠式二维码的具体内容，如图 7-11 所示。

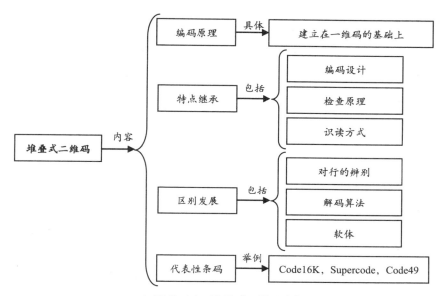

◆ 图 7-11　堆叠式二维码介绍

（2）矩阵式二维码。它是一种通过几何图形和结构设计来增加资料密度的二维码，如图 7-12 所示。

◆ 图 7-12　矩阵式二维码

关于矩阵式二维码的具体内容，如图 7-13 所示。

❸ 多维码

多维码是基于提高条码信息密度而提出的，它是一种将具有多个维度的

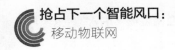

组合分类系统进行不同形式的具体化而形成的编码系统，具体内容如图 7-14
所示。

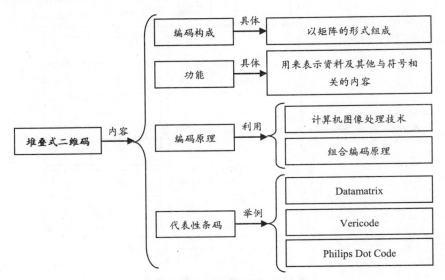

◆ 图 7-13　堆叠式二维码介绍

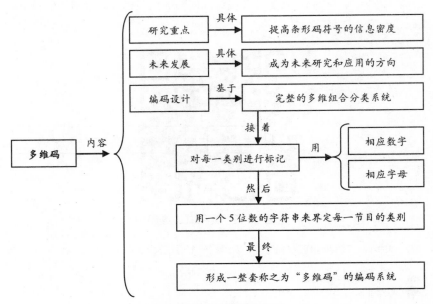

◆ 图 7-14　多维码介绍

7.1.3　两大优势尽显的条形码技术

移动物联网领域相对于感知层的其他技术而言，具有非常明显的优势，具体表现在两个方面，一是技术发展的成熟程度和水平；二是条形码技术本身，具体内容如下。

❶ 统一的技术标准

条形码技术从其产生到发展、普及应用，已经发展成为一种具有统一标准的技术，如图 7-15 所示。

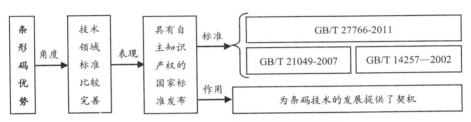

◆ 图 7-15　条形码技术的国家标准介绍

❷ 颇具优势的技术本身

条形码技术经过长期的发展，目前已经成为一种最经济、实用的自动识别技术，这主要是由其本身的优势决定的。

（1）信息量大。所谓"信息量大"，是指条码本身所能够采集和携带的信息最大容量，如图 7-16 所示。

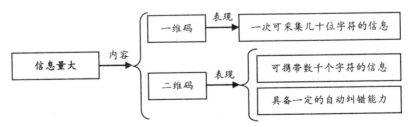

◆ 图 7-16　条形码信息量大的优势分析

（2）可靠性高。与其他输入或识别技术相比，条形码技术在可靠性上的优势更加明显，如图 7-17 所示。

◆ 图 7-17　条形码技术可靠性优势介绍

（3）制作简单。尽管条码技术具有非常高的技术能力，但其制作却非常简单，如图 7-18 所示。

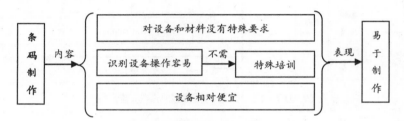

◆ 图 7-18　条形码的制作优势分析

（4）条码输入快。从这一角度而言，条码输入的速度是非常快的，是键盘输入的 5 倍，更重要的是，它能实现数据的即时输入，其速度之快可想而知。

（5）条码应用灵活。在应用方面，条码并不只拘泥于一种形式，它可以通过 3 种方式实现其信息识别，如图 7-19 所示。

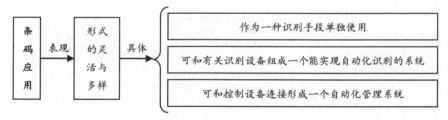

◆ 图 7-19　条形码的应用优势分析

7.1.4　发展受限的传统条形码市场

上述已经具体介绍了条形码技术的主要优势，在这些优势的支撑下，条形码技术在全世界范围内得到了广泛应用，特别是在"物物相连"的移动物联网领域，条形码技术更是发挥了其特有的优势。

　　然而，条形码在日益普及的应用中，一些技术局限也逐渐凸显出来，如图7-20所示。

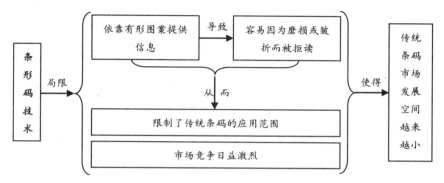

◆ 图 7-20　传统条形码技术发展的市场局限分析

7.2 效益日显，条形码行业应用衰辑

　　在移动物联网领域，一方面，条形码技术的应用具有非常巨大的现实意义，另一方面，条形码技术在现实社会中有着非常广泛的应用领域。

　　就前者而言，条形码技术的社会经济效益通过应用逐渐显示出来，并推进社会发展，如图 7-21 所示。

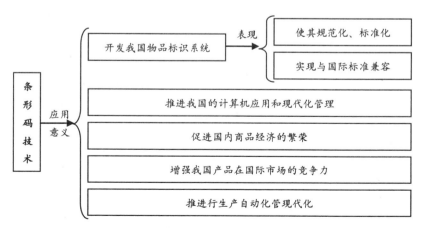

◆ 图 7-21　条形码技术应用的现实意义分析

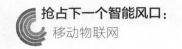

而就后者而言，条形码技术的应用遍及现实生活中各个领域，接下来将针对这一情形进行具体分析。

7.2.1 润"物"无声

在移动物联网领域，物流是一个重要的组成单元，其所建立的核心系统要求具备 5 个方面的能力，如图 7-22 所示。

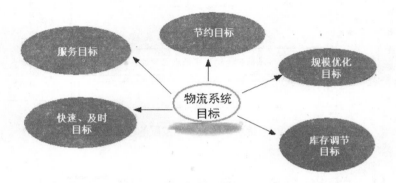

◆ 图 7-22 物流系统目标介绍

而想要实现物流系统的这五大目标，条形码技术是一种必不可少的应用技术，它通过自动识别实现物流的自动配送管理，具体过程如图 7-23 所示。

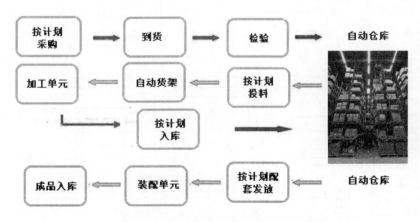

◆ 图 7-23 物流系统的条码识别管理

在物流配送管理系统中，条形码技术贯穿始终，通过对物品的标识实现其在物流领域中的应用，如图 7-24 所示。

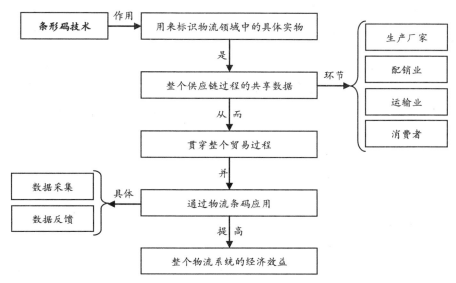

◆ 图 7-24　条形码技术在物流领域的应用分析

7.2.2　产品问"源"

　　在现代信息社会中，可跟踪溯源成为一种常见的理念，条形码技术的应用就是实现这一理念的重要识别和信息技术。关于条形码技术在产品溯源方面的应用，具体内容如图 7-25 所示。

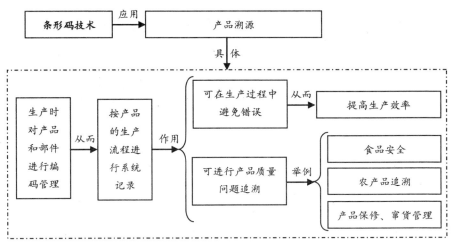

◆ 图 7-25　条形码技术在产品溯源方面的应用

条形码技术在产品溯源方面的应用更多地表现在食品和农产品方面，如图 7-26 所示。

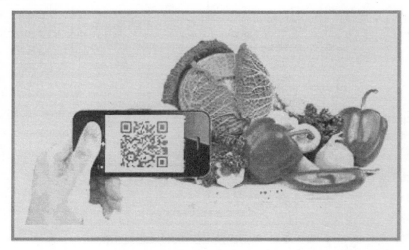

（1）农产品

（2）食品

◆ 图 7-26　食品领域的条形码技术溯源应用

目前，随着食品安全问题在人们生活中的关注度日益提升，逐渐成为焦点，条形码这一能够提供产品溯源的技术也更加引起了厂家和消费者的重视，因而逐渐在社会市场中形成一个闭环式的食品生产和消费关系链，如图 7-27 所示。

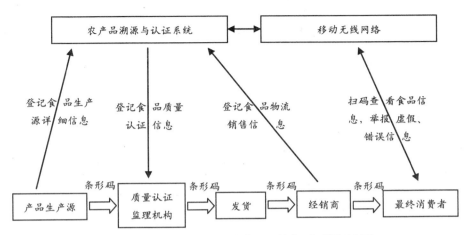

◆ 图 7-27　食品生产与消费闭环的条形码溯源应用

7.2.3　电商"通"路

在移动物联网环境下，电子商务的发展条件已经成熟，随着而来的是各种新兴技术和应用不断出现，条形码技术更是如此，如图 7-28 所示。

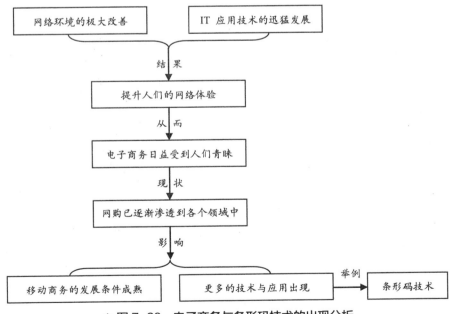

◆ 图 7-28　电子商务与条形码技术的出现分析

在电子商务领域，条形码技术的应用已经相当普及和有着广泛的应用领域，且目前已经全力向二维码这一更具优势的物品信息标识符迈进，出现了众多的二维码应用场景，如图 7-29 所示。

（1）电子商务包装

（2）网店平台

◆ 图 7-29　电子商务领域的二维码应用举例

在电子商务领域，二维码的应用除了表现在其广泛的应用范围上，还表现在其强大的功能上，具体如图 7-30 所示。

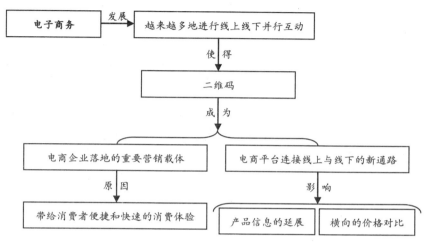

◆ 图 7-30　二维码在电子商务领域的应用分析

7.2.4　车"载"识读

在车辆管理领域，关于条形码技术应用的具体工作流程如图 7-31 所示。

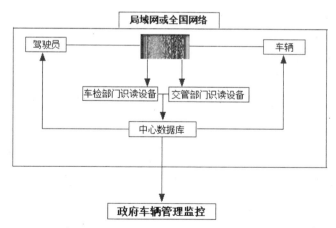

◆ 图 7-31　条形码技术在车辆管理领域应用的工作流程

二维码作为一种更具优势的条形码技术，自然在该应用领域有着重要的地位，发挥着隐含性和数字化信息应有的作用，如图 7-32 所示。

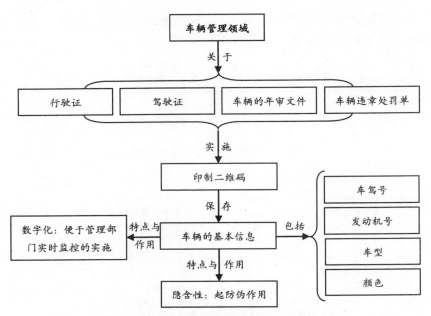

◆ 图 7-32　车辆管理领域的二维码应用分析

7.2.5　端前尽"扫"

所谓"手机二维码应用"，即将通过手机这一移动终端来实现二维码技术的应用，如图 7-33 所示。

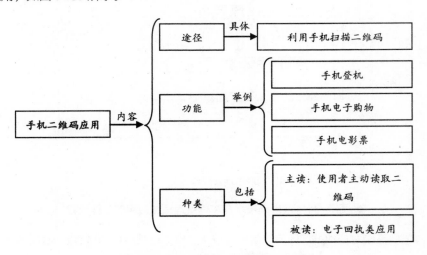

◆ 图 7-33　手机二维码应用简介

在移动物联网时代，手机二维码作为一种能够存储各种信息的图形标识符，从两个方面充分展示了其扫码应用功能，如图 7-34 所示。

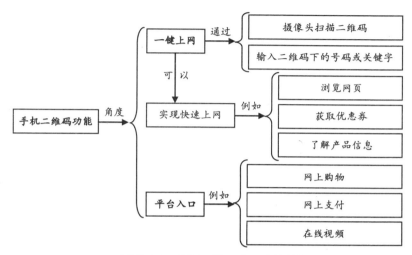

◆ 图 7-34　手机二维码应用功能分析

利用手机二维码，还有一个需要用户关注的问题，就是了解和辨别二维码的识别因素，具体内容如图 7-35 所示。

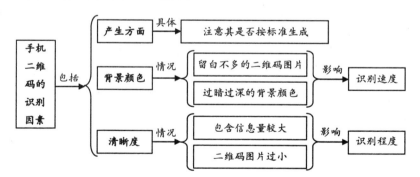

◆ 图 7-35　影响手机二维码识别的因素分析

7.3 集成创新，条码企业的市场拓展

在移动物联网时代，条形码技术紧跟快速发展的信息技术步伐，稳健地进入了一个信息发展时期——集成创新期，如图 7-36 所示。

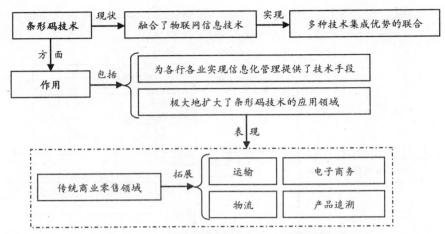

◆ 图7-36　移动物联网时代的条形码技术发展状况

从图7-36中可以看出，在宏观领域，对条形码技术而言，无论是其自身的拓展应用，还是各行业信息化的发展水平，都取得了巨大的成就。而从微观领域来看，条形码技术在物联网和移动物联网产业的带动下，也推进了条码产业的形成和发展，如图7-37所示。

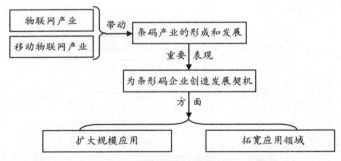

◆ 图7-37　物联网与条形码企业的发展分析

正是因为物联网特别是移动物联网对条形码企业发展的巨大影响，所以各条形码企业也认识到了这一发展形势和自身技术的局限性，纷纷加大其在物联网和移动物联网领域的市场扩展力度。下面将就这一情况进行具体介绍。

7.3.1　安全为上，矽感措施保障

矽感科技作为一家和条形码技术有关的企业，主要致力于食品安全方面。关于矽感科技，公司重点介绍如图7-38所示。

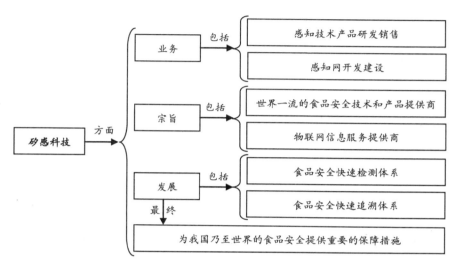

◆ 图 7-38　矽感科技简介

条形码技术作为矽感科技的一个重要发展方面，基于物联网和移动物联网领域市场拓展方面的条形码产业发展，重要举措和成就如图 7-39 所示。

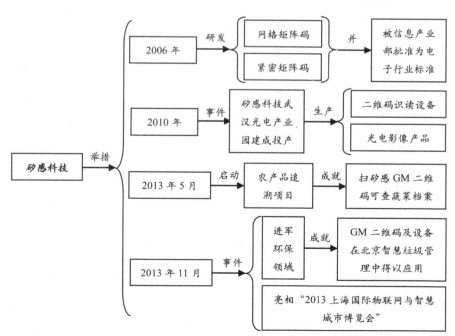

◆ 图 7-39　矽感科技的条形码技术在物联网领域的拓展介绍

7.3.2 创新为要，新北洋金融聚焦

新北洋，全称为山东新北洋信息技术股份有限公司，是打印扫描领域的一家高新技术企业，具体内容如图 7-40 所示。

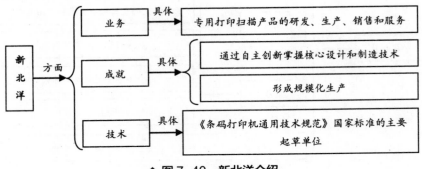

◆ 图 7-40 新北洋介绍

关于新北洋的条形码产业在物联网中的市场拓展，具体内容如图 7-41 所示。

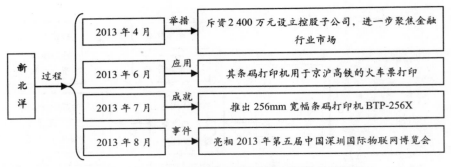

◆ 图 7-41 新北洋条码企业在物联网领域市场拓展

7.3.3 产品首发，新大陆新"芯"片

目前，新大陆是一家在国内、行业内具有巨大影响力的高科技产业集团，企业发展和具体情况如图 7-42 所示。

在移动物联网时代，关于新大陆的条形码产业在市场领域的拓展情况，如图 7-43 所示。

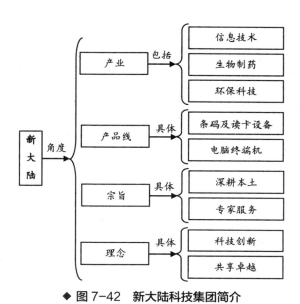

◆ 图 7-42　新大陆科技集团简介

```
                      具体
    1997 年 7 月  ────────→  涉足二维码技术领域

                      具体
    2010 年 11 月 ────────→  发布"全球首颗二维码解码芯片"

                                    │地 位
                                    ▼
              其条形码解码核心技术能力进入国际一流行列

                      具体
    2012 年 6 月  ────────→  发布全球首颗第二代二维码解码芯片

                      具体
    2013 年      ────────→  条形码技术应用领域拓展

                                    │表 现
                                    ▼
        2012 年商务部全国肉类蔬菜流通追溯体系建设采购项目
```

新大陆　发展

◆ 图 7-43　新大陆的条码产业的市场拓展情况分析

7.3.4　借力发展，博思得"拓以宽"

条码标签打印机的制造是深圳市博思得科技发展有限公司的主要业务。图 7-44 所示为该公司生产的各类型条码标签打印机。

（1）　　　　　　　　　（2）

◆ 图7-44　该公司生产的各类型条码标签打印机

作为一家专业的条码标签打印机专业制造商，博思得借助物联网的发展，进一步推动企业的市场拓展，如图7-45所示。

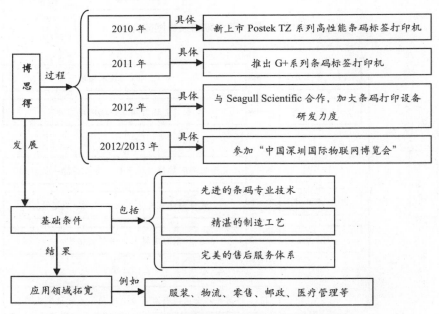

◆ 图7-45　博思得的条形码产业发展和应用介绍

8
CHAPTER

智能硬件，具象化的移动物联网端口

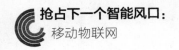
8.1 智能硬件的市场业态

在移动物联网时代，通过众多的智能产品的连接和应用，打破了空间和时间的限制，人们生活的智能化进一步实现。下面将重点介绍几类应用于人们生活中的主流智能产品，带领读者尽情领略智能化的生活与环境。

8.1.1 家居的智能管理与通信

智能家居，顾名思义，就是让生活智能化的家庭设备，通过这些设备体系，用户可以过更方便、轻松地实现对家庭设备的高效管理。

归根结底，智能家居就是一个家庭环境范围内的统一的自动控制系统的总称，如图 8-1 所示。

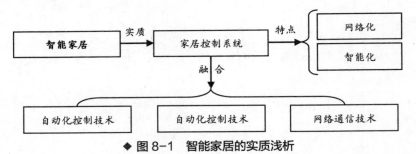

◆ 图 8-1 智能家居的实质浅析

关于智能家居的智能化，可以从两个方面进行理解，一是智能化的管理，二是通信的智能连接。

说到智能化的管理，主要是指设备管理手段的智能化，如图 8-2 所示。

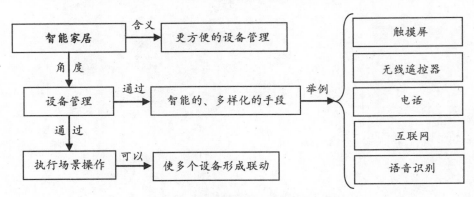

◆ 图 8-2 智能家居的智能化管理分析

而从通信的智能连接方面来看，其智能化更是表现明显，如图 8-3 所示。

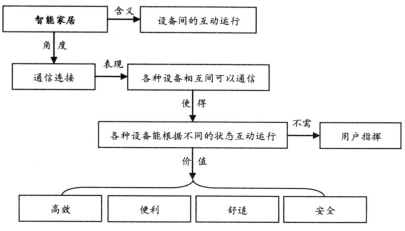

◆ 图 8-3　智能家居的通信智能化连接分析

在对智能家居的基本含义有了了解的情况下，接下来将以智能照明为例，具体讲述智能家居的产品应用。

智能照明，用户可以智能地实现对家居照明系统的管理。图 8-4 所示为智能照明的典型应用。

◆ 图 8-4　智能照明的典型应用

用户除了可以根据自身的心情对家居灯光进行调节和管理外，还可以通过智能照明系统实现对家居灯光的各种效果和手段方面的应用，以此满足人们的不同需求，如图 8-5 所示。

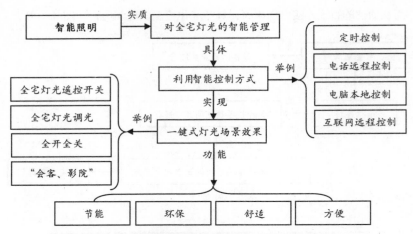

◆ 图 8-5 智能照明系统的方式、效果和功能分析

显而易见，通过智能照明系统的管理，可以更方便、安全地实现智能生活。从这一方面来看，其优势主要表现在四个方面，如图 8-6 所示。

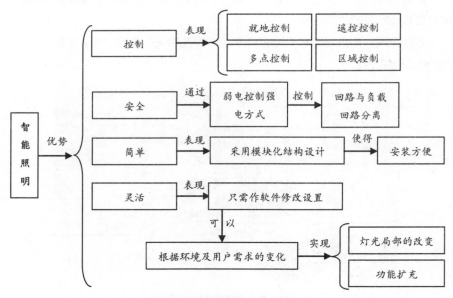

◆ 图 8-6 智能照明的优势分析

8.1.2 智能的人车交互

在目前社会中，人们很容易将"智能"与"自动"联系起来。而对汽车而言，汽车智能与自动驾驶却是有所不同的。它是一个有着众多功能集成和技术集成的综合系统，如图 8-7 所示。

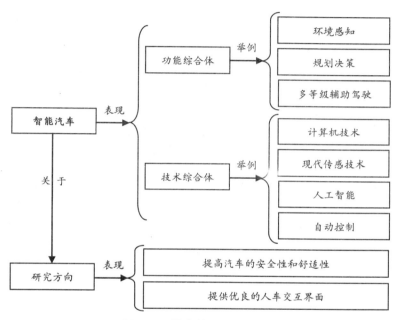

◆ 图 8-7 综合性的智能汽车简介

在智能汽车范畴内，它是通过由多种传感器和智能公路技术组成的各种系统实现汽车的自动驾驶，如图 8-8 所示。

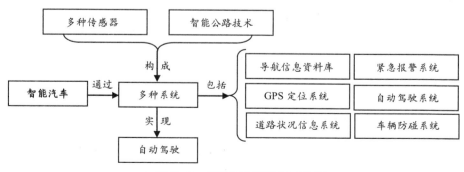

◆ 图 8-8 智能汽车系统组成分析

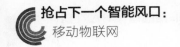
　　所谓"智能汽车",是指普通汽车的智能化装置处理,具体内容如图 8-9 所示。

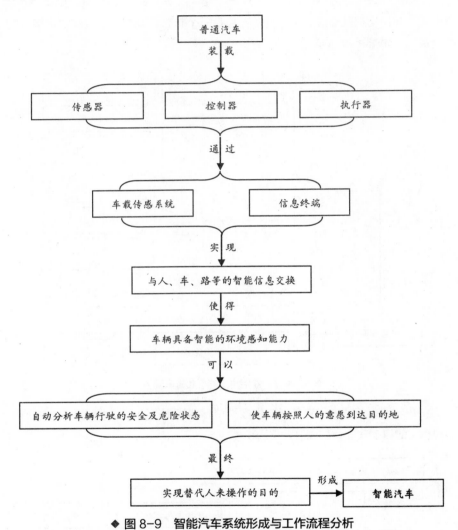

◆ **图 8-9　智能汽车系统形成与工作流程分析**

　　从图 8-9 中可以看出,对智能汽车而言,是从两个方面来实现其智能化的,具体如下:

　　首先,汽车本身的多种智能化装置,如图 8-10 所示;

　　其次,装置智能化引起的环境智能,如图 8-11 所示。

◆ 图 8-10　汽车的智能化装置

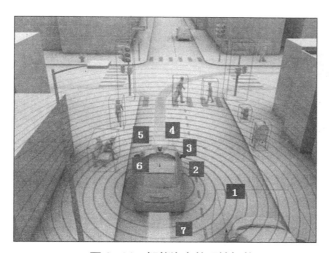

◆ 图 8-11　智能汽车的环境智能

8.1.3　解放双手的智能蓝牙耳机

智能蓝牙耳机，从其本质来说，是可穿戴式智能设备的一种。其智能化实现的具体内容如图 8-12 所示。

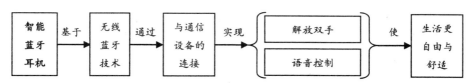

◆ 图 8-12　智能蓝牙耳机的原理简介

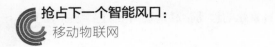

智能蓝牙耳机作为一种智能化的可穿戴设备，为众多需要解放双手的用户和场合提供了使用的便捷，更方便了人们的生活。图 8-13 所示为驾驶时所使用的智能车载蓝牙耳机。

◆ 图 8-13　智能蓝牙耳机

可见，智能蓝牙耳机具有普通的蓝牙耳机所不具备的功能。那么，它究竟具有哪些具体功能呢？关于这一问题的答案如图 8-14 所示。

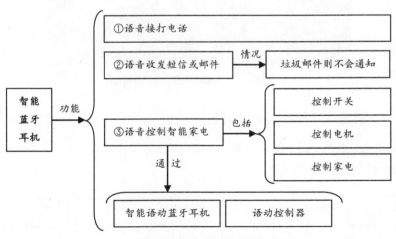

◆ 图 8-14　智能蓝牙耳机的功能介绍

由图 8-14 已经了解到智能蓝牙耳机的主要功能，下面将介绍具有众多功能的智能蓝牙耳机的主要特点，如图 8-15 所示。

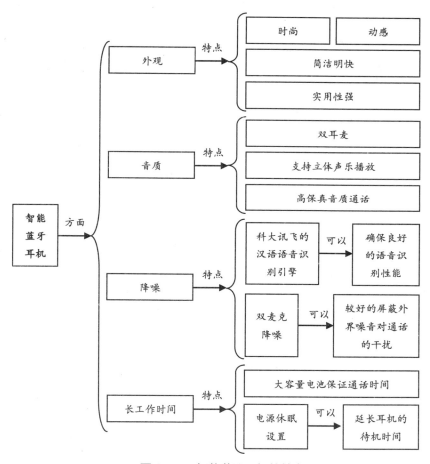

◆ 图 8-15　智能蓝牙耳机的特点

相较于智能家居和智能汽车这两类主流智能产品而言，智能蓝牙耳机更多地实现了与移动终端的连接，在移动物联网领域中帮助人们更便捷地实现生活智能。且随着目前手机应用的普及，将发挥更重要的作用。

8.1.4　智能卡的多功能应用

在移动物联网领域，各种卡片通过必要的手段在社会生活中得以存在和应用，它们可以帮助人们实现生活的智能化，这些卡片统称为智能化。关于智能卡的含义，如图 8-16 所示。

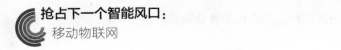
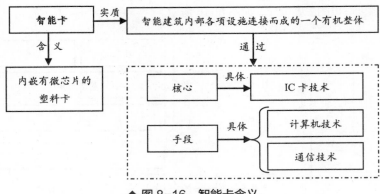

◆ 图 8-16　智能卡含义

而在智能卡系统中，通过"物物相连"的物联网和移动物联网的推进，智能卡同样实现了信息的沟通互连，如图 8-17 所示。

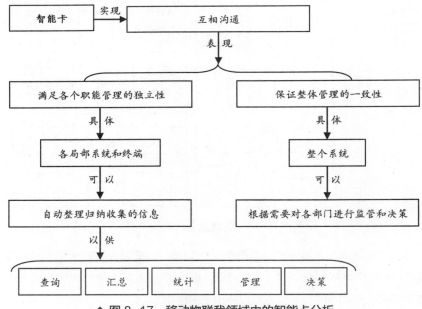

◆ 图 8-17　移动物联我领域中的智能卡分析

智能卡经过长足发展，经历了从 IC 卡、ID 卡到 CPU 卡的阶段，与社会计算机和信息技术的发展情况相适应，如图 8-18 所示。

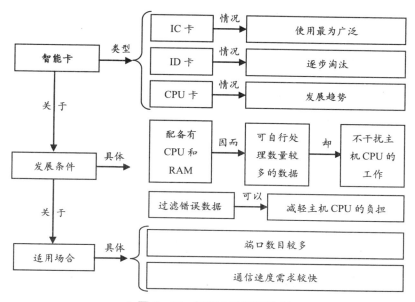

◆ 图8-18　智能卡的发展分析

有着巨大发展潜力和条件基础的智能卡在生活中有着广泛的应用，各种类型的卡逐渐步入智能卡的技术殿堂。图8-19所示为智能卡在生活中的各种应用。

◆ 图8-19　智能卡生活中的各种应用

从图8-19中可以看出，应用于生活的智能卡类型非常之多，这些不同类型的智能卡应用分别充当着不同的功能，具体内容如图8-20所示。

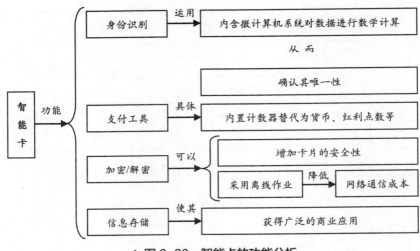

◆ 图 8-20　智能卡的功能分析

8.2 智能硬件的企业角逐

关于智能硬件的发展及其未来的走向,互联网巨头们纷纷进行战略布局,试图在移动物联网时代打造出一个迥然不同的智能化环境,如图 8-21 所示。

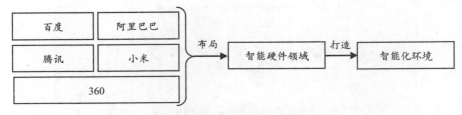

◆ 图 8-21　布局智能化硬件领域的互联网巨头

纵观全局者总是有着非同一般的魄力,作为互联网这一庞大系统内的有力掌控者,百度、腾讯等互联网巨头把握住时代的命脉,毅然进军智能硬件领域。

8.2.1　百度的联合布局

百度作为我国最早布局人工智能的互联网企业,对人工智能这一领域有着循序渐进的发展方式,并以此为目标进行推进,如图 8-22 所示。

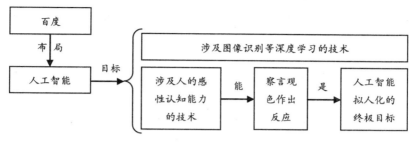

◆ 图8-22　百度的人工智能目标

　　关于百度的人工智能布局，从总的方向上来看，百度主要是通过两种途径进行人工智能研发和布局的，如图8-23所示。

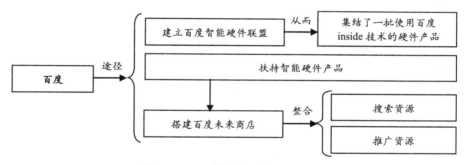

◆ 图8-23　百度智能硬件领域布局途径

　　关于百度在智能硬件领域的发展布局，它通过上述两种途径推进的同时，也有具体的技术与措施支撑，特别是 Baidu Inside 合作计划的推出，如图8-24所示。

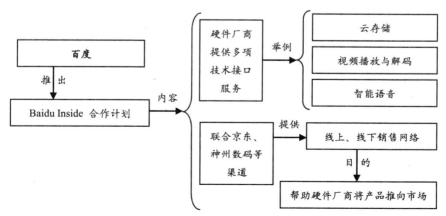

◆ 图8-24　百度的 Baidu Inside 合作计划介绍

8.2.2 腾讯的社交布局

腾讯作为我国最大的互联网综合服务提供商之一，在智能硬件领域同样投入了极大的关注，主要从三个方面对智能硬件领域进行了布局，如图 8-25 所示。

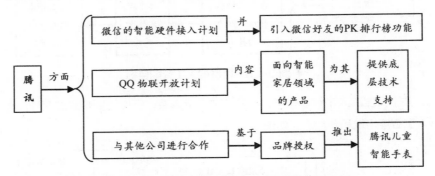

◆ 图 8-25　腾讯在智能硬件领域的战略布局介绍

在腾讯的智能硬件领域战略布局中，其推出的微信、QQ 这两个社交网络领域的大型 APP 在其中充当着非常重要的角色，如图 8-26 所示。

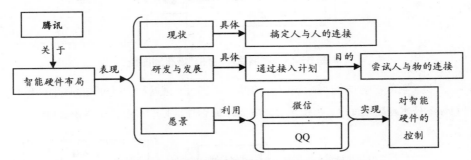

◆ 图 8-26　腾讯的智能硬件布局的发展过程分析

8.2.3 奇虎 360 的多样化布局

关于智能硬件领域的战略布局话题，奇虎 360 表现得非常活跃与积极，这是由其自身的发展情况决定的，如图 8-27 所示。

◆ 图 8-27　奇虎 360 布局智能硬件领域的必要性分析

基于上述原因，奇虎 360 在智能硬件领域的战略布局上可以说是多样化的，它积极进行不同的尝试，以期改变其自身发展状态，主要内容如图 8-28 所示。

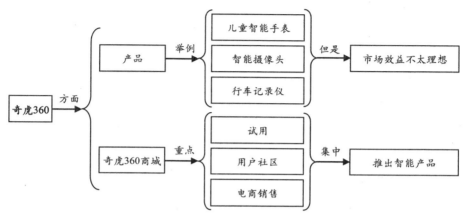

◆ 图 8-28　奇虎 360 的智能硬件领域的布局状况

8.2.4　小米的中心布局

声称"让每个人都能享受科技的乐趣"的小米在智能硬件领域的布局主要集中在产品上，尤其是家居产品，通过产品来实现其更宽广的智能硬件布局，如图 8-29 所示。

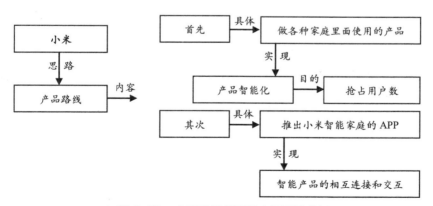

◆ 图 8-29　小米的智能硬件布局思路分析

从图 8-29 中可以看出，小米的智能硬件布局策略是循序渐进影响用户，它期望通过不断地推进来实现其未来的目标——使其产品推广至每一个家庭，并通过其 APP 实现对智能产品的控制。

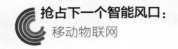

在移动物联网的发展过程中，小米在智能硬件领域的市场布局是通过其已经面世的智能产品——小米手环这一中心来实现，如图 8-30 所示。

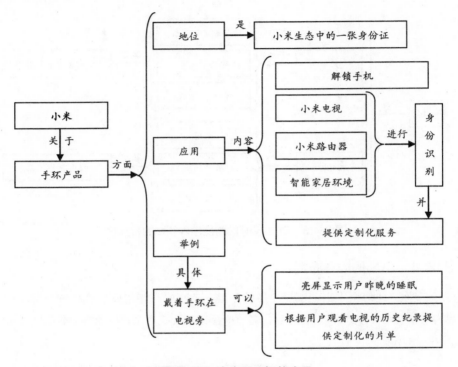

◆ 图 8-30　小米手环智能产品

更进一步，小米从硬件信息化方面着手，开始智能家居上游产业链的布局，从而影响物联网整个行业的发展，如图 8-31 所示。

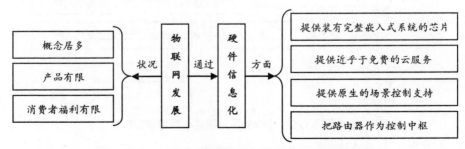

◆ 图 8-31　小米的智能硬件信息化产业链布局分析

从总的智能硬件领域布局来说，小米的中心与重点就在于通过智能芯片完成智能硬件的升级，如图 8-32 所示。

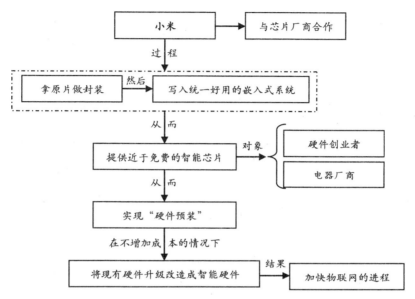

◆ 图 8-32 小米的智能芯片布局战略

8.2.5 阿里巴巴的整合布局

相对于其他互联网巨头来说，阿里巴巴在智能硬件方面的布局较迟缓，但其魄力和行动力不可小觑，全力进行了其内部结构的调整，如图 8-33 所示。

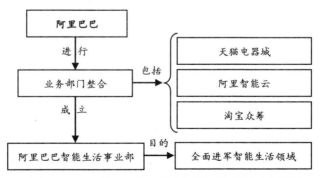

◆ 图 8-33 阿里巴巴的智能生活领域布局的内部调整

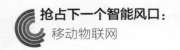
阿里巴巴为布局智能生活领域成立了智能生活事业部，具体内容如图 8-34 所示。

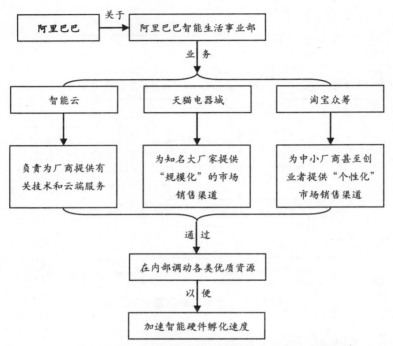

◆ 图 8-34　阿里巴巴的智能生活事业部业务分析

阿里巴巴除通过智能生活事业部这一个旨在打通智能硬件全产业链的部门进行布局外，还通过与其他相关的战略布局，进一步完善了该产业链，如图 8-35 所示。

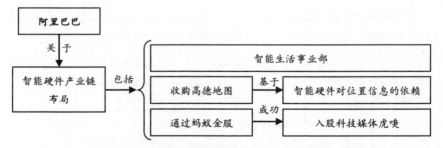

◆ 图 8-35　阿里巴巴的智能硬件产业链布局总体战略

阿里巴巴在如此全面的战略布局下，打通和联合各优质资源，在为其带来流量支持的同时，也进一步打通全产业链，推进了物联网和移动物联网的发展。

8.3 智能硬件的发展设想

在移动物联网时代，伴随着智能手机这一中心产品，智能硬件市场出现了强劲的发展态势，相信在人们可预期的范围内，智能硬件的发展趋势将呈现出以下五个方面的特性，如图 8-36 所示。

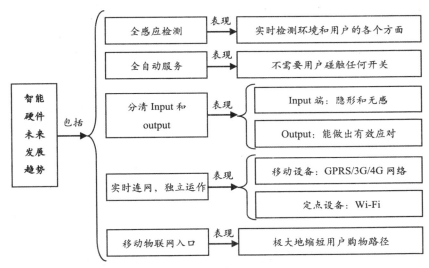

◆ 图 8-36　智能硬件的未来发展趋势分析

下面从具体智能产品类别出发，对其未来发展趋势进行详细描述。

8.3.1　智能监测空气

只要浏览一下每天的天气预报信息，就会发现我国目前的空气环境情况不容乐观，"雾霾"成为时刻威胁人们身体健康的重要因素，而这一情况的严重程度是无法通过肉眼确知的。随着智能硬件的发展，有望通过智能设备进行室内环境监测，如图 8-37 所示。

◆ 图 8-37　智能设备的环境智能监测功能分析

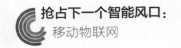

在智能空气净化器领域内，相关数据显示其将在未来保持着高速增长的态势，并将被更多的消费者所接受，如图 8-38 所示。

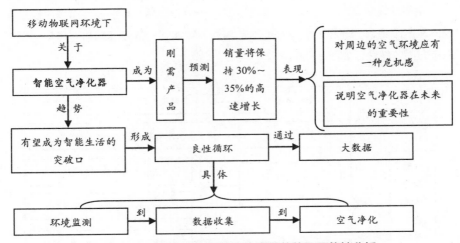

◆ 图 8-38 空气净化器的未来发展趋势和可能性分析

在移动物联网模式下，智能空气净化器的探索与创新一直在进行着，墨迹天气的"空气果"就是其中一类。图 8-39 所示为"空气果"智能硬件。

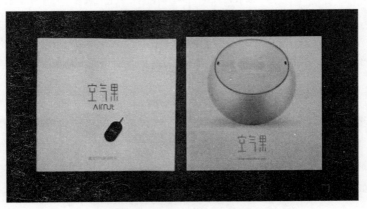

◆ 图 8-39 "空气果"智能硬件

当"空气果"与墨迹天气 APP 相连后，能够通过其测量的天气和空气数据，在与室外数据进行对比的情况下，可以了解到室内空气的健康情况（见图 8-40），并在与移动端产品相连接的作用下，即时了解用户所需要了解的场所的空气环境水平。

◆ 图 8-40 空气果的空气健康检测

8.3.2 智能操作游戏

游戏是一种老少皆宜的放松项目，特别是在互联网和移动互联网飞速发展的情况下，人们对游戏的热衷程度有增无减，这一情况在带给人们娱乐的同时，也给玩家的心理和生理带来了一些负面的影响。而在移动物联网时代，智能生活或将带给人们不一样的家庭娱乐方式，体感游戏就是其中之一，如图 8-41 所示。

◆ 图 8-41 体感游戏

从实质角度来看，体验游戏也是虚拟现实技术发展的结果。关于体感游戏的具体内容，如图 8-42 所示。

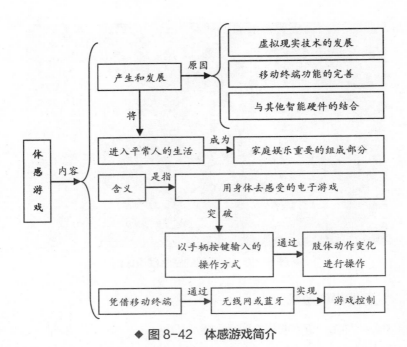

◆ 图 8-42　体感游戏简介

　　在移动物联网领域，可以利用移动终端（尤其是智能手机）作为游戏手柄进行操作与应用，"AIWI 体感游戏"是这方面的典型代表。图 8-43 所示为该款游戏的移动终端应用模式。

◆ 图 8-43　该款游戏的移动终端应用模式

8.3.3 智能互动沟通

家庭是一个人生活中的重要组成部分，是人们得以感受温情与关爱，获得心灵栖息的场所。明显加快的生活节奏，使得人们将更多的注意力放在了工作上，而明显忽视了对家庭、家人的关注，基于这一情况，智能硬件领域进行了多样化的产品研发、生产与普及，视频通话就是其中的一类，如图 8-44 所示。

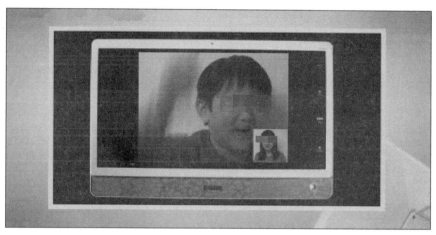

◆ 图 8-44 视频通话

而随着移动物联网的发展，在未来的智能硬件发展下，或将可以实现家人虽远隔千里亦能感受到有如贴身关怀的智能生活应用。在这一方面，乐视网已经进行了相关尝试。图 8-45 所示为"乐小宝"就是移动物联网环境下的智能硬件发展应用。

◆ 图 8-45 "乐小宝"就是移动物联网环境下的智能硬件发展应用

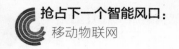

在移动物联网环境下，作为一款亲子领域的智能硬件，乐小宝很好地实践了其应有的功能，即父母与孩子之间的互动，这是其开发的应有之义，如图 8-46 所示。

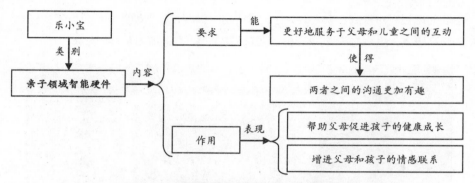

◆ 图 8-46　亲子领域智能硬件的开发内容分析

而从乐小宝这一具体的智能硬件产品来说，它是移动物联网领域的亲子类智能硬件产品的典型代表，充分展示了其在互动方面的积极作用，如图 8-47 所示。更重要的是，通过乐小宝这一产品，可以充分预见未来该领域的智能硬件产品发展的可能性和广阔前景。

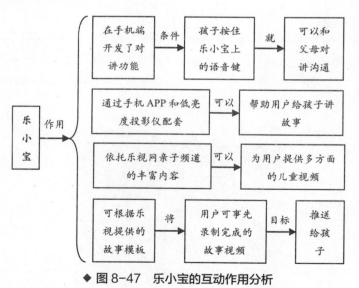

◆ 图 8-47　乐小宝的互动作用分析

9
CHAPTER

行业智能，产业化的移
动物联网推进

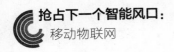

9.1 智能交通

交通作为"衣食住行"领域中的一个方面，是人们生活（特别是城市生活）中极为关键的因素，与人们生活质量和经济发展有着紧密的联系。

在移动物联网环境下，智能交通这一概念亦随之产生和发展，具体内容如图 9-1 所示。

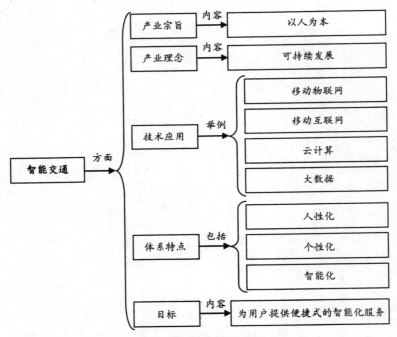

◆ 图 9-1　智能交通概念分析

可见，智能交通是一个集成了众多新一代信息技术并为交通参与者提供多样化服务的综合系统，在这一服务过程中，"信息"伴随始终，如图 9-2 所示。

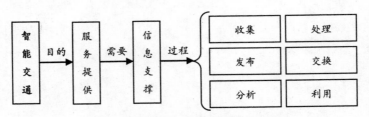

◆ 图 9-2　智能交通系统中信息的意义

智能交通作为一个综合的行业系统，有其自身的特点，如图9-3所示。

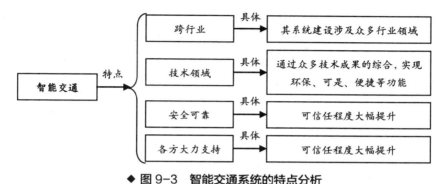

◆ 图9-3　智能交通系统的特点分析

具备上述诸多特点和优势的智能交通系统在现实生活中的应用非常普及，下面以公共交通和停车场管理为例，进行具体介绍。

9.1.1　公共交通

公共交通在城市的发展建设和人们生活中占据着非常重要的地位，且随着城市交通拥堵问题的日益严峻，"公交优先"的发展战略推广更是得到重视。智能公共交通的出现是移动物联网为其提供系统技术支撑的结果。

总的来说，关于建立完善的公共交通网络、进行公共交通的智能化管理的问题，主要内容如图9-4所示。

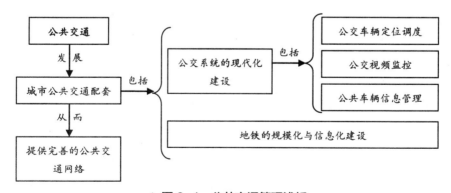

◆ 图9-4　公共交通管理浅析

在智能交通系统中，利用以移动物联网技术为首的智能化技术构建高效的、综合的公共交通系统是目前交通运输系统建设的重中之重。因此，在现阶段，结

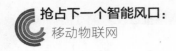
合我国城市公共交通的发展现状分析，其智能交通规划可以从四个方面着手，如图 9-5 所示。

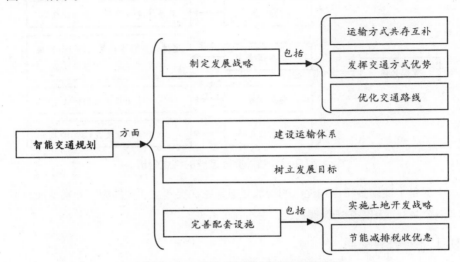

◆ 图 9-5　公共交通系统的智能交通规划

在智能化的城市公共交通建设中，各种技术的应用和系统的建设为其提供了很好的条件，助力其智能化的全面发展，如图 9-6 所示的亿程智能公交车 GPS 监控系统是一个为了解决传统公交的人工调度管理模式而推出的电子化管理系统。

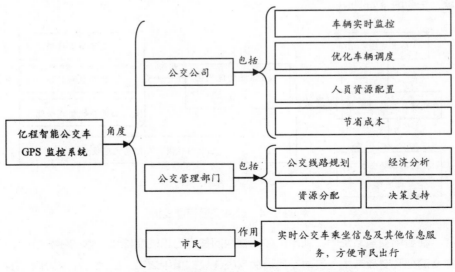

◆ 图 9-6　亿程智能公交车 GPS 监控系统介绍

9.1.2 停车场管理

在智能交通系统中，停车场管理是一个重要的组成部分。目前出现的全自动泊车系统是智能交通的一个重要表现，如图9-7所示。

◆ 图9-7 全自动泊车系统

在移动物联网环境下，智能化的停车场管理系统有着极大的优势，在方便用户的同时又可以改善环境，如图9-8所示。

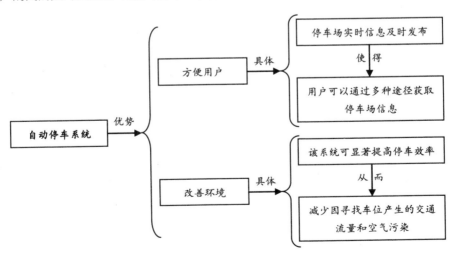

◆ 图9-8 全自动停车系统的优势分析

　　另外，关于停车场费用的支付管理，智能交通提供各种基于移动物联网的平台支付方式。图 9-9 所示为微信支付停车费就是在新的时代环境下为方便用户而推出的支付方式。

◆ 图 9-9　微信支付停车费就是在新的时代环境下为方便用户而推出的支付方式

9.2　智能电网

　　所谓"智能电网"，顾名思义，就是电网管理的智能化表现，是智能化的技术集成的系统，具体内容如图 9-10 所示。

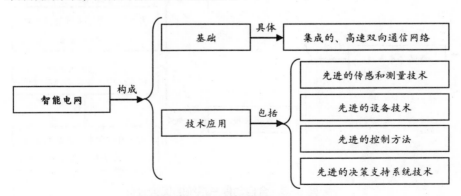

◆ 图 9-10　智能电网的系统构成

之所谓"智能"，它还表现在其目标的实现上，如图9-11所示。

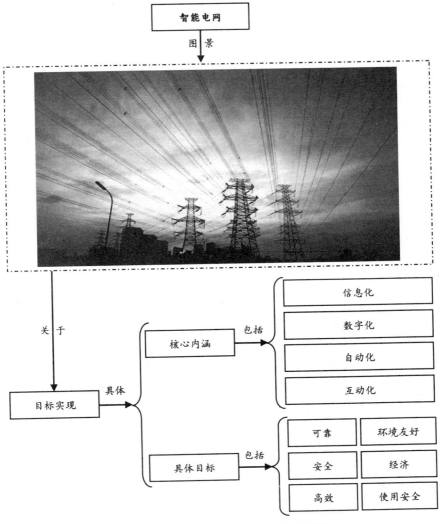

◆ 图9-11 智能电网的目标实现分析

基于其目标，智能电网的体系有着区别于传统电网的典型特征，具体表现在6个方面，如图9-12所示。

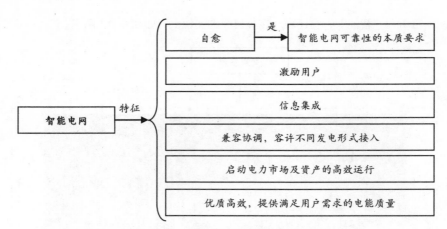

◆ 图9-12 智能电网的主要特征

在对智能电网有了初步了解的基础上，关于智能电网的应用是接下来需要了解的内容。在此，主要从两个方面具体分析智能电网的应用。

9.2.1 智能交互终端

在智能电网应用系统中，智能交互终端是一个非常重要的应用，它是实现用户与电网之间的信息互动的设备，具体内容如图9-13所示。

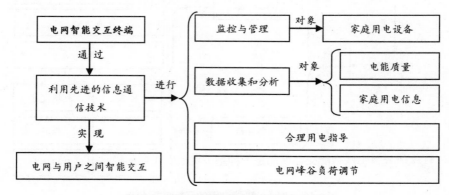

◆ 图9-13 电网智能交互终端含义分析

通过智能交互终端，各类用户与电网之间的智能交互主要表现在两个方面，具体内容如下：

▶ 用户向供电企业发送各种信息，完成他们之间的双向互动；
▶ 用户向供电企业反馈用电故障信息，供电企业及时解决问题。

目前，电网智能交互终端已经有了商用和家用两种产品在市场上流通，如图 9-14 所示。

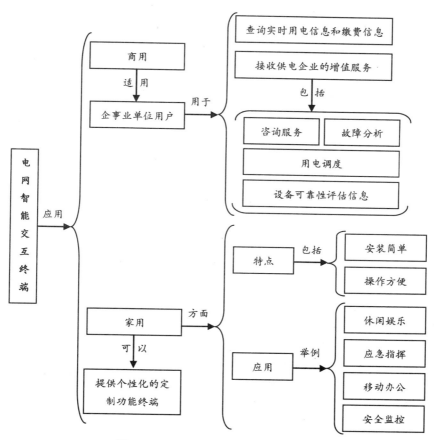

◆ 图 9-14 电网智能交互终端的应用分析

综上所述，电网智能交互终端是一种基于物联网和移动物联网技术的应用而为用户提供服务的设备，它所提供的服务是智能化和个性化的，这将有利于智能电网系统的进一步建设与完善。

9.2.2 智能电表

"智能电表"即智能化的电能表，如图 9-15 所示。

图 9-15 所示的智能电表在其功能应用方面充分体现了其智能性，主要内容如图 9-16 所示。

◆ 图 9-15　智能电表

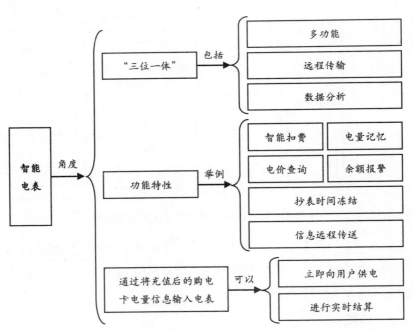

◆ 图 9-16　智能电表的功能应用分析

　　在移动物联网环境下，智能电表可以通过完备的通信接口，完成各种远程操作，如图 9-17 所示。

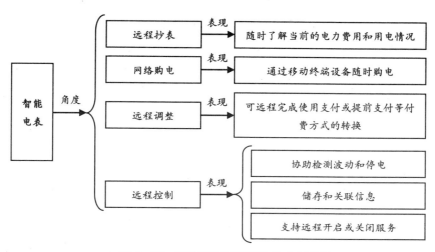

◆ 图 9-17 智能电表远程操作的实现分析

9.3 智能安防

智能化是智能安防区别于传统安防的最主要特征，它集中表现在门禁、报警和监控的一体化上。关于智能安防系统，其具体含义如图 9-18 所示。

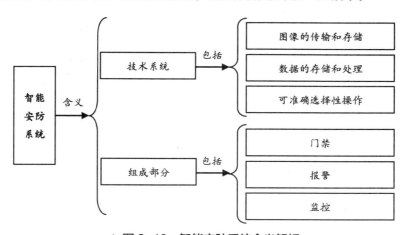

◆ 图 9-18 智能安防系统含义解析

作为基于物联网和移动物联网发展需求而推进其产品和技术应用的智能安防，是物联网和移动物联网发展和应用的一个重要领域，如图 9-19 所示。

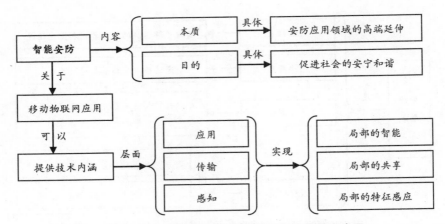

◆ 图9-19 移动物联网在智能安防行业的技术应用

移动物联网在智能安防领域的应用表现出数字化和集成化两大特点，具体内容如图9-20所示。

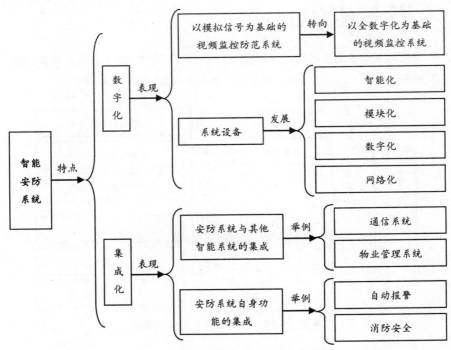

◆ 图9-20 智能安防系统的特点

9.3.1 环境安全

智能安防在环境安全应用方面主要表现在两个方面，一是防盗；二是水、火等环境因素的监控，具体内容如下。

❶ 防盗报警系统

在防盗报警系统中，可以根据不同的区域分为两类，如图 9-21 所示。

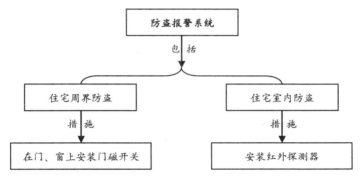

◆ 图 9-21　防盗报警系统分类

下面以住宅室内防盗为例，进行具体分析。

说到住宅室内防盗，就不得不提及这一类的主要防盗产品——刻锐红外探测器，如图 9-22 所示。

◆ 图 9-22　刻锐红外探测器

图9-22所示的刻锐红外探测器是一款综合运用各种先进技术的智能探测器，其主要功能特点如图 9-23 所示。

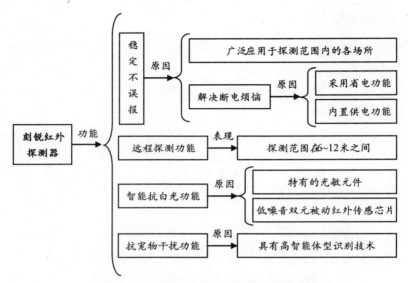

◆ 图 9-23　刻锐红外探测器的功能特点分析

❷ 环境安全因素监控

环境安全因素，主要是指火、水、电和天然气等因素。智能安防系统当检测到这些因素出现异常时，会及时做出处理，如图 9-24 所示。

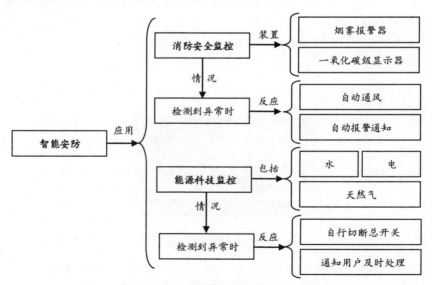

◆ 图 9-24　智能安防的环境安全因素监控应用

下面以消防安全监控为例，进行具体分析。

关于移动物联网领域在消防安全监控方面的产品应用，佳杰烟感报警器是其中一款应用较广泛的产品，如图 9-25 所示。

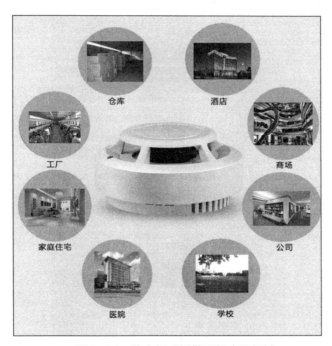

◆ 图 9-25　佳杰烟感报警器的应用领域

在佳杰烟感报警器的工作应用中，其原理如图 9-26 所示。

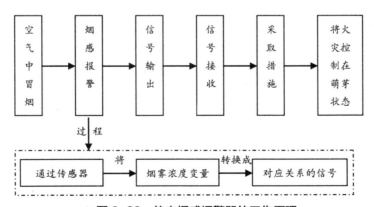

◆ 图 9-26　佳杰烟感报警器的工作原理

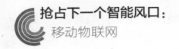

9.3.2 身份识别

移动物联网在智能安防领域的应用，主要表现在环境安全监控、视频监控和身份识别这三个方面，而身份识别方面的应用更是与每个人息息相关，随着科技的发展，智能锁阶段的来临使得智能化的安防发展更上一个台阶。如图 9-27 所示为三星集团自主开发的智能锁产品。

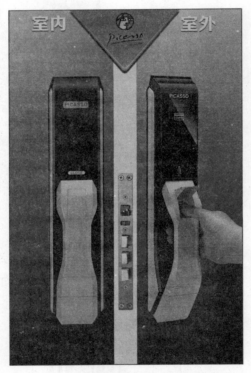

◆ 图 9-27　三星集团自主开发的智能锁产品

三星智能锁是采用第 4 代指纹识别技术生产的智能产品，其工作原理与过程如图 9-28 所示。

◆ 图 9-28　三星智能锁的工作原理与过程

9.4 智能物流

物流是一个全世界范围内的概念，它是随着全球化的生产、采购、流通和消费这一必然的发展趋势而出现的。而随着移动物联网的发展，生活的智能化在各领域内也表现出了积极发展的形势，智能物流也是如此。

所谓"智能物流"，就是在物流行业领域，对各智能化技术进行集成的行业生态，具体内容如图 9-29 所示。

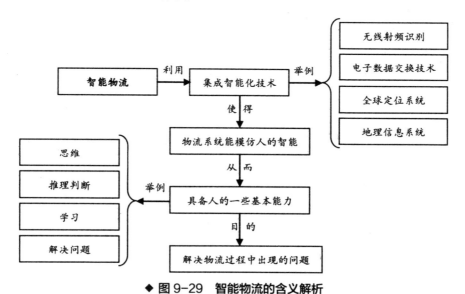

◆ 图 9-29 智能物流的含义解析

智能物流的集成除了其自身高新技术的集成外，还包括外部供应链延伸的集成，如图 9-30 所示。

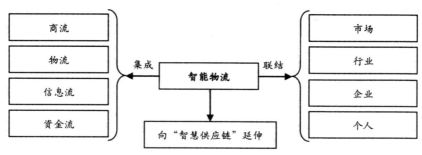

◆ 图 9-30 智能物流的外部集成分析

而关于智能物流的具体组成，从其运作过程和平台模式来看，其具体内容如图 9-31 所示。

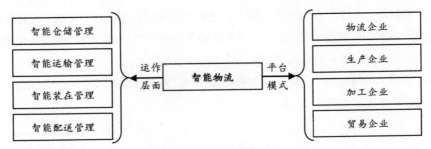

◆ 图 9-31　智能物流的构成分析

而随之智能物流和移动物联网的进一步发展和推进，在智能物流基本构成要素的基础上，它将呈现出四个主要的特点，如图 9-32 所示。

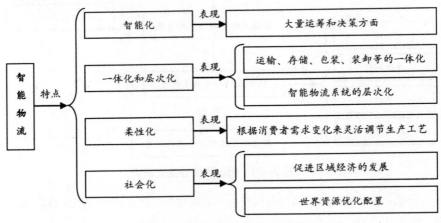

◆ 图 9-32　智能物流的未来发展特点分析

9.4.1　物流配送

物流的目的是实现货物的流通，使其到达消费者手中，在这一过程中，配送是实现这一目的的最终环节。缺失了配送环节，物流也就失去了它应有的意义。

现阶段，随着智能化趋势的增强，物流配送的智能化也随之发展。图 9-33 所示为自动化的智能物流配送中心。

◆ 图 9-33　自动化的智能物流配送中心

　　从目前的智能物流配送中心的发展情况来看，这一行业利用集成了各高新技术的网络逐渐实现了全自动化发展，如图 9-34 所示。

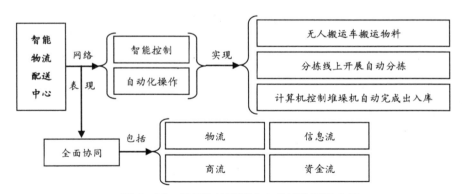

◆ 图 9-34　智能物流配送中心的网络系统分析

9.4.2　仓储管理

　　在智能物流体系中，仓储是实现物流的前提。目前，这一前提条件也因为移动物联网技术的行业应用，嵌入了智能化的元素，实现了智能化的仓储管理，如图 9-35 所示。

◆ 图 9-35　智能仓储管理

　　仓储管理系统基于数据库和射频识别等技术的应用，在实现智能化的同时还能提高仓储的安全水平，如图 9-36 所示。

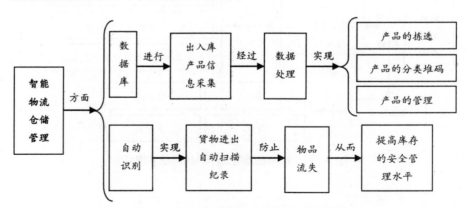

◆ 图 9-36　智能物流仓储管理的实现分析

　　在智能物流仓储管理系统中应用 EPC 技术更是具有非同寻常的意义，具体内容如图 9-37 所示。

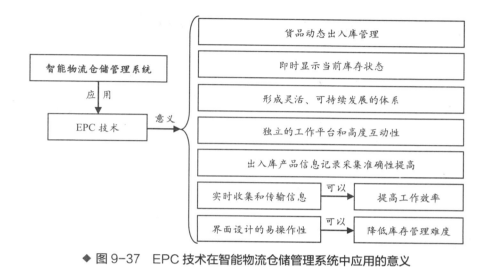

◆ 图 9-37　EPC 技术在智能物流仓储管理系统中应用的意义

9.5　智能医疗

　　健康和安全是与人们密切相关的两个话题，上述已经就移动物联网在安全领域应用的智能化进行了分析，在此将重点介绍与健康相关的移动物联网应用——智能医疗，如图 9-38 所示。

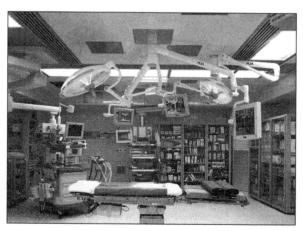

◆ 图 9-38　**智能医疗**

　　所谓"智能医疗"，即医疗领域的智能化现象，如图 9-39 所示。

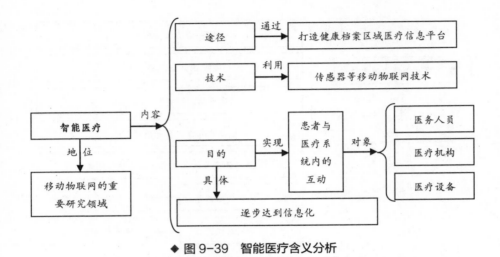

◆ 图9-39 智能医疗含义分析

现阶段，智能医疗基于物联网的应用实现了整个医疗过程的全对象、全功能、全空间和全过程管理。关于智能医疗的基本特点，如下所示。

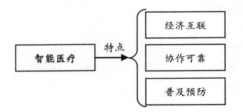

9.5.1　可视化管理

在移动物联网环境下，智能化的管理卡层出不穷，智能医疗体系内也是如此。该领域应用智能化的管理卡实现对医疗领域的可视化管理，如图9-40所示。

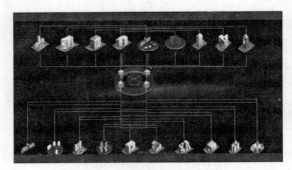

◆ 图9-40　医疗领域的可视化管理平台

医疗领域的可视化管理平台是基于医院的发展情况和科技发展水平而出现的，它通过其移动物联网领域的智能卡应用，实现高效管理和安全管理，如图9-41所示。

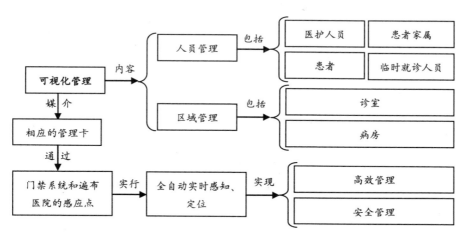

◆ 图9-41　医疗可视化管理应用分析

9.5.2　医疗监护

　　在智能医疗系统中，医疗监护是移动物联网智能化应用和发展的重点领域。通过智能医疗管理平台，加强对病人的病情监控和管理，以期提高医疗管理和服务水平。其中，移动物联网中健康云平台的医疗监护目前得到了快速发展和应用，如图9-42所示。

◆ 图9-42　医疗监护健康云平台

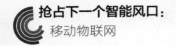

另外，医院内的医疗监护与可视化管理相似，是借助管理卡和智能医疗管理平台来实现的，如图 9-43 所示。

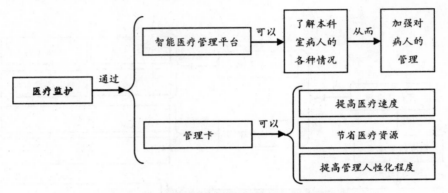

◆ 图 9-43　医院内的智能化医疗监护应用分析

10
CHAPTER

跨界创新，以点带面的
移动物联网融合

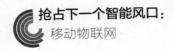
10.1 跨界：移动物联网的新起点

随着移动物联网领域的发展，为应对新的市场业态需求，各行业间的壁垒被打破，融合进一步实现，它们之间彼此渗透，"跨界"由此而生。可以说，跨界凭借着互联网途径，创造了移动物联网发展的新起点，主要表现如图 10-1 所示。

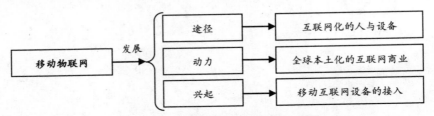

◆ 图 10-1 跨界理念下的移动物联网发展

10.1.1 途径：互联网化的人与设备

前面已经提及，移动物联网是物与物、人与物和人与人相连的体系，而想要实现人、物之间的互动连接，互联网的作用必不可少，这将促进人与物（设备）的互联网化。

其中，人的互联网化主要表现在横向和纵向两个方面，即横向上网民数量的增加，纵向上网民上网时间的增加。

从横向上来看，随着互联网技术的发展，越来越多的人踏足互联网领域，实现互联网化。图 10-2 所示为我国近几年的互联网用户增长情况。

◆ 图 10-2 我国近几年的互联网用户增长情况

在全球范围内，目前，互联网用户以达到 32 亿，经过 30 年的发展，互联网用户的普及率已经超过 40%，很好地实现了人的互联网化。

从纵向上来看，随着互联网特别是移动互联网的发展，网民用于上网的时间明显增多，这也使得人的互联网化程度加深。

设备在移动物联网中是不可或缺的组成元素，因此，设备方面的互联网化也是推进移动物联网发展的最主要的表现之一。图 10-3 所示为我国互联网络的设备接入状况。

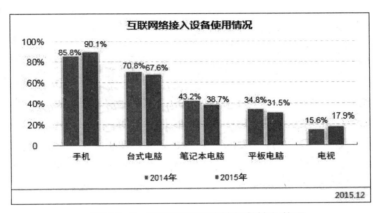

◆ 图 10-3　我国互联网络的设备接入状况

当人与设备这两个移动物联网的基本组成要素在全球范围内更多地介入互联网，从而形成一个更加普及的网络系统时，移动物联网发展将会形成新的高的起点。

10.1.2　动力：全球本土化的互联网商业

何谓"全球本土化（Glocalization）"？它的基本含义是全球化概念范畴内的本土化发展，如图 10-4 所示。

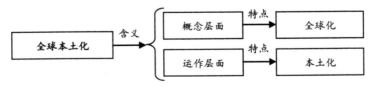

◆ 图 10-4　全球本土化的含义解析

其实，全球本土化的实质就是一个具体问题具体分析的发展理念，只有置于特定的环境下，结合实际情况，才能更好地获得发展。

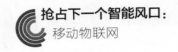
在互联网发展方面，本土化的商业发展使得互联网企业在借用了全球化的概念的基础上，进行了结合实际的深层创新。

在此以门户网站——新浪为例，进行具体分析，如图 10-5 所示。

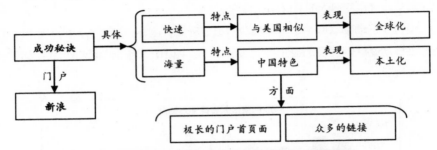

◆ 图 10-5　新浪门户网站的全球本土化发展分析

在这些运用全球本土化理念获得发展的互联网商业的作用下，我国的互联网技术和应用也得到进一步发展，使得互联网渗透率不断得以提升。

而互联网作为移动物联网的网络基础，它的发展也必将促进移动物联网的推进。如我国的打车软件——滴滴出行就是在借用美国 Uber 概念的基础上的不同路径上的发展，如图 10-6 所示。

◆ 图 10-6　本土化的打车软件——滴滴出行

有应用才有发展。滴滴出行的发展将接入更多的移动终端设备，让更多的人介入移动物联网，正是这些要素使得移动物联网获得了更大的发展动力。

10.1.3　兴起：移动互联网设备的接入

随着通信技术的快速发展，全球的移动通信全面铺开，如图 10-7 所示。

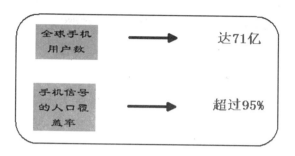

◆ 图 10-7　全球移动通信发展概况

　　如此快速的移动通信发展使得更多的移动互联网设备接入物联网体系中，推进了移动物联网的兴起和发展，主要表现在两个方面，一是用户习惯的改变；二是碎片化时间的运用。

　　从用户习惯的改变方面来看，移动互联网设备上 APP 大行其道，各类 APP 应用层出不穷，如图 10-8 所示。

◆ 图 10-8　各类 APP

　　这些 APP 的应用使得用户在进行信息处理时，首先需要应用到的就是 APP，而不需要进入各门户网站中进行查找。在这种情况下，用户更易于进行需要的应用，用户体验得到进一步改善，使得移动物联网的接入设备进一步增加，从而推进移动物联网的发展。

　　从碎片化时间的运用来看，移动互联网设备的便携性和移动性使得用户可以

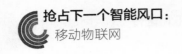

在任意时间范围内对碎片化的时间加以应用，短短的会议等待和乘车等待期间都可以利用移动互联网设备实现最大化的填充。

物联网的"网络一切"的目标，在移动互联网设备的接入情况下将更快速地实现，因为即时的网络连接使得移动物联网的目标更具全面化和全程化。

综上所述，移动互联网设备的接入解决了人们更方便连接和实时连接的问题，从而将推动移动物联网发展的全面兴起。

10.2 创新：移动物联网的关键点

可以说，移动物联网的发展更多的是体现在具体的应用中。而在各行业应用领域中，只有具有创新性的理念和产品才能获得更快的发展。因而，在移动物联网的发展过程中，"创新"起着至关重要的作用，特别是先进的智能化技术的创新发展和各种理念的创新应用，这些将成为移动物联网发展的关键点。

下面将从具体的社会创新发展应用中详细的论述其对移动物联网的发展意义。

10.2.1 线下行业的互联网渗透

随着互联网技术的进一步发展，一些线下企业在不变更其业务核心模式的情形下，为了更好地实现企业发展，开始向互联网和移动互联网渗透，如图 10-9 所示。

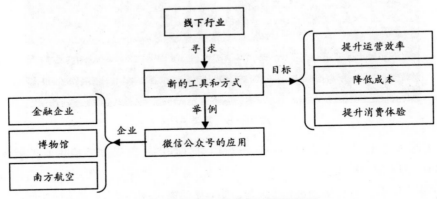

◆ 图 10-9　线下行业的互联网渗透

对南航来说，作为国内运输航班最多、航线网络最密集和年客运量亚洲最大的航空公司，在微信公众号运营方面，南航算是行业里的典型标杆。

2013 年，南航在国内首创推出微信值机服务，该服务着力于为用户打造微信移动航空服务体验，用户体验服务的流程如图 10-10 所示。

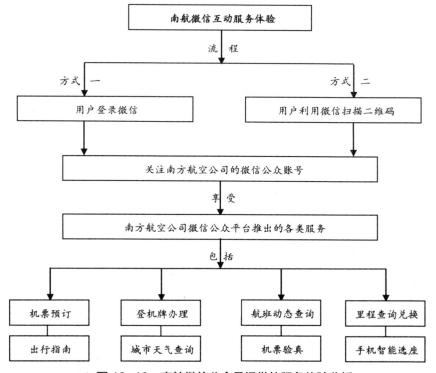

◆ 图 10-10　南航微信公众号提供的服务体验分析

南航通过微信公众号的推出，在为用户提供更好的服务体验的同时，也推进了其融入移动物联网领域的进程。可见，线下行业的互联网渗透是企业运营的创新表现，也是其推进移动物联网发展的重要举措。

10.2.2　线上线下的双向引流

线上线下的双向引流作为一种新兴的营销模式，充分体现了其企业运营的创新性特征。而这一模式对于移动物联网发展的影响表现在其线上线下互动过程中互联网和移动互联网设备的接入与使用频率上，这分别使得移动物联网的接入范围和活跃程度加大。

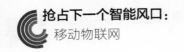

抢占下一个智能风口：
移动物联网

下面以聚美优品为例，从中感受移动物联网的行业应用和发展过程。

聚美优品是一家著名的女性团购网站，主要以品牌化妆品和护肤品为主，在其网站运营过程中，它还通过设立线下旗舰店来实现线上线下的双向引流。

从 O2O 营销模式方面来说，聚美优品设立线下旗舰店实现了 O2O 营销全渠道服务，如图 10-11 所示。

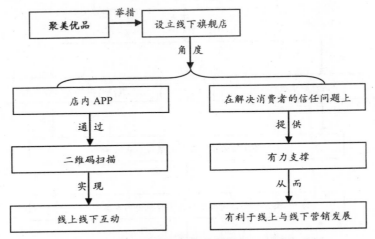

◆ 图 10-11　聚美优品线下旗舰店设立的意义分析

可以说，聚美优品的 O2O 营销模式是以移动互联网平台 + 大数据 + 二维码扫描构建成的营销模式，是移动物联网领域的营销应用的生动展现，具体内容如下：

通过移动互联网平台实现全渠道的线上线下服务；

利用其企业自身的大数据技术的分析和挖掘能力；

线下旗舰店内品牌 APP 的二维码扫描引流营销。

10.2.3　在线教育的平台运作

传统教育行业在拥有丰富的教学资源情况下也面临着教育资源投入不足的问题，而在线教育利用其平台优势，在缓解其存在的问题的过程中又对其现有的教学资源进行了有利的应用，这是在互联网时代教育行业的创新性发展，也是移动物联网的行业应用通过平台运作映射到教育行业的具体表现。

新东方针对中小学幼儿园教育领域开启的在线教育平台就是该教育企业在时代形势下的运营尝试，如图 10-12 所示。

◆ 图 10-12　新东方在线教育平台

关于新东方在线教育平台，其具体内容如图 10-13 所示。

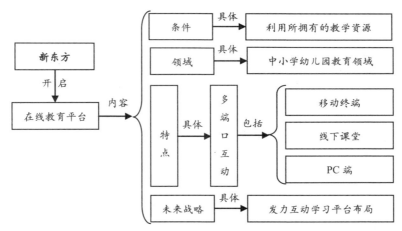

◆ 图 10-13　新东方的在线教育平台介绍

新东方的在线教育平台的多端口互动是移动物联网的典型应用，它通过在教育领域的创新发展，推进了移动物联网应用的扩展。

10.2.4　在线旅游的市场重塑

在传统旅游业领域，旅行社是旅游出行者的首选方式，而随着互联网和移动互联网技术的发展，越来越多的人摒弃了传统的旅行社旅游方式，选择了在线旅游，如图 10-14 所示。

◆ 图 10-14　途牛在线旅游

　　在移动物联网时代，旅游的模式发生了巨大的演进，其中一个重要的表现就是移动终端成为重要的交易平台，这由携程旅行网和去哪儿旅行的移动营收占比（超过 30%）很容易地看出来。

　　而从携程的发展历程角度来看，移动互联网的应用在其中有着非同寻常的作用，如图 10-15 所示。

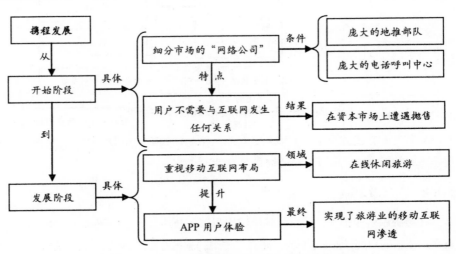

◆ 图 10-15　携程发展历程的移动互联网应用分析

10.2.5 人的数字化维度

在信息社会，人类通过制造各种各样的数字化工具来承担人的生活功能需求，特别是智能硬件的出现与创新发展，如图 10-16 所示。

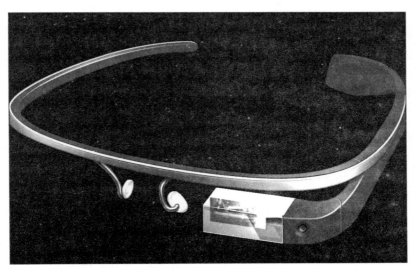

◆ 图 10-16 人外部化的智能硬件——Google Glass

人在数字化维度上的进程延伸是移动物联网推进的一个重要表现，更是人类外部化发展的过程，如图 10-17 所示。

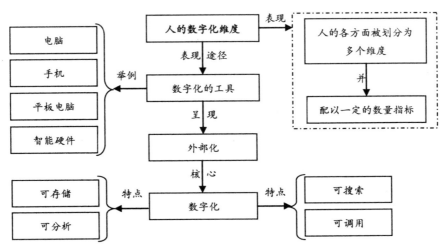

◆ 图 10-17 人的数字化维度解析

10.3 合作：移动物联网的未来中心点

移动物联网的本意就在于"物物相连"，因此，人、物相互间的合作是必不可少，当然，也包括各种先进的技术在内。

在移动物联网已经发展到一定程度的基础上，人、物及作为他们之间连接纽带的技术等方面的协同合作是推进移动物联网发展的中心点。在这里，合作主要是指移动互联网向其他方面的深度渗透。

下面将从具体的合作应用与发展出发，针对这一中心点进行论述。

10.3.1 移动应用与服务的深度进化

关于移动应用与服务，就必须提及微信这一移动互联网的"超级应用"，此应用可以实现各方面应用的结合，如图 10-18 所示。

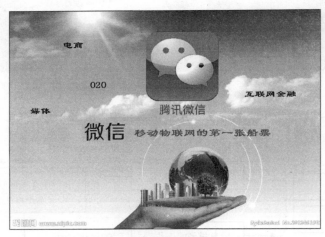

◆ 图 10-18 微信的移动应用

移动应用也有着其自身的发展过程，如图 10-19 所示。

◆ 图 10-19 移动应用的发展历程

这一过程，其实就是增进移动互联网渗透和各方面互动合作的过程，具体内容如图 10-20 所示。

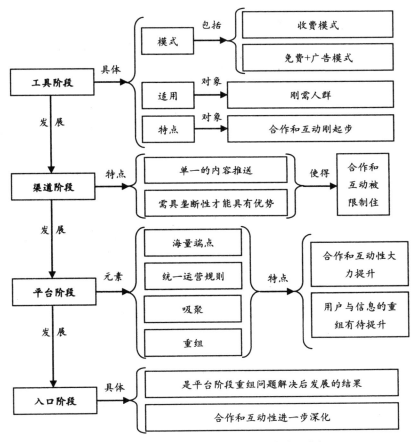

◆ 图 10-20　移动应用发展过程的渗透分析

随着移动应用和服务的进化，移动物联网的推进也随之发生，当入口涉及各个行业和领域的每一个角落时，移动物联网的"网络一切"的目标也就有了实现的可能性。

10.3.2　终端与服务入口争夺的商业角逐

关于终端与服务入口争夺主要表现在四个方面，如图 10-21 所示。

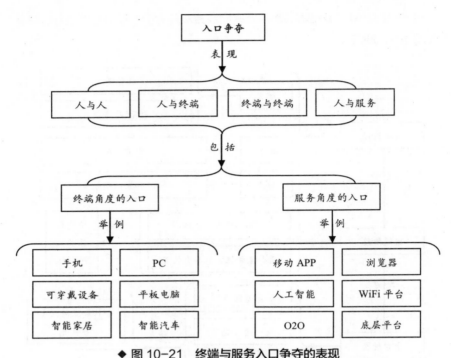

◆ 图 10-21　终端与服务入口争夺的表现

　　在这一场入口争夺的商业角逐中，商业世界的供给方和需求方在竞争的过程中促进了中间环节的融合，作为一个个必须的环节的中介大量消失，代之而起的是如搜索引擎等大型中介的出现，这是电商市场整合和竞争的结果。

　　而从移动物联网的角度来看，终端与服务入口争夺引起的中介整合使得移动物联网也得以在一定程度上更具规模化和行业化，其推进程度自然也随着更进一步。

10.3.3　互联网巨头结构化的边界重塑

　　随着移动互联网商业的发展，许多问题不断衍生出来，如图 10-22 所示。

　　互联网巨头关注支付业务是其内部结构化发展和整合的外部表现，它们将其平台内的各种业务进行整合，把各种纷繁的运营线的一端集于自身，在这里，它们主要采用的是对支付业务的关注度提升，如第三方支付的出现，腾讯和阿里巴巴就是如此，如图 10-23 所示。

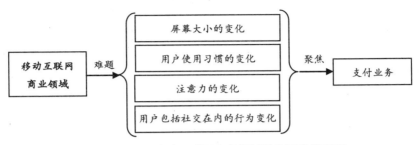

◆ 图 10-22　移动互联网商业领域发展面临的问题

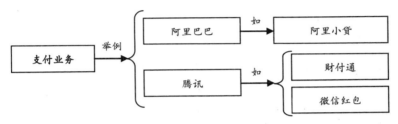

◆ 图 10-23　阿里巴巴和腾讯的支付业务

　　互联网巨头的内部结构化整合使得其地位稳定化，反过来它们通过频繁的资本运作进行潜力行业和领域的投资收购，这就使得互联网巨头渗透到更多的领域内，更多的行业和入口被纳入互联网和移动互联网范畴内，互联网边界得以拓展和重塑。

　　在这一形势下，移动物联网也将随之向结构化的方向发展，从而起到进一步规范移动物联网的行业发展和应用的效果。

读 者 意 见 反 馈 表

亲爱的读者:

感谢您对中国铁道出版社的支持,您的建议是我们不断改进工作的信息来源,您的需求是我们不断开拓创新的基础。为了更好地服务读者,出版更多的精品图书,希望您能在百忙之中抽出时间填写这份意见反馈表发给我们。随书纸制表格请在填好后剪下寄到:北京市西城区右安门西街8号中国铁道出版社综合编辑部 张亚慧 收(邮编:100054)。或者采用传真(010-63549458)方式发送。此外,读者也可以直接通过电子邮件把意见反馈给我们,E-mail地址是:lampard@vip.163.com。我们将选出意见中肯的热心读者,赠送本社的其他图书作为奖励。同时,我们将充分考虑您的意见和建议,并尽可能地给您满意的答复。谢谢!

- -

所购书名:＿＿＿＿＿＿＿＿＿＿＿＿＿＿＿＿＿＿＿＿＿

个人资料:

姓名:＿＿＿＿＿＿＿＿ 性别:＿＿＿＿＿ 年龄:＿＿＿＿＿ 文化程度:＿＿＿＿＿＿＿

职业:＿＿＿＿＿＿＿＿＿ 电话:＿＿＿＿＿＿＿ E-mail:＿＿＿＿＿＿＿

通信地址:＿＿＿＿＿＿＿＿＿＿＿＿＿＿＿＿ 邮编:＿＿＿＿＿＿＿＿

您是如何得知本书的:

□书店宣传 □网络宣传 □展会促销 □出版社图书目录 □老师指定 □杂志、报纸等的介绍 □别人推荐
□其他(请指明)＿＿＿＿＿＿＿＿＿＿＿＿＿＿＿＿＿＿＿

您从何处得到本书的:

□书店 □邮购 □商场、超市等卖场 □图书销售的网站 □培训学校 □其他

影响您购买本书的因素(可多选):

□内容实用 □价格合理 □装帧设计精美 □优惠促销 □书评广告 □出版社知名度
□作者名气 □工作、生活和学习的需要 □其他

您对本书封面设计的满意程度:

□很满意 □比较满意 □一般 □不满意 □改进建议

您对本书的总体满意程度:

从文字的角度 □很满意 □比较满意 □一般 □不满意
从技术的角度 □很满意 □比较满意 □一般 □不满意

您希望书中图的比例是多少:

□少量的图片辅以大量的文字 □图文比例相当 □大量的图片辅以少量的文字

您希望本书的定价是多少:

本书最令您满意的是:

1.
2.

您在使用本书时遇到哪些困难:

1.
2.

您希望本书在哪些方面进行改进:

1.
2.

您需要购买哪些方面的图书? 对我社现有图书有什么好的建议?

您更喜欢阅读哪些类型和层次的经管类书籍(可多选)?

□入门类 □精通类 □综合类 □问答类 □图解类 □查询手册类

您在学习计算机的过程中有什么困难?

您的其他要求: